JN191784

セルバーグ・ゼータ関数

リーマン予想への架け橋

小山信也 Koyama Shin-ya［著］

シリーズ ゼータの現在

日本評論社

はじめに

セルバーグ・ゼータ関数に焦点を絞った解説書は，世界的にも類をみない．本書は史上初の解説書である．過去にこの話題を扱った和書には，2009 年の共著書

黒川信重・小山信也『リーマン予想のこれまでとこれから』（日本評論社）

がある．そこではセルバーグ理論を解説したが，非常に多くの事項について，証明なしに結果のみを引用せざるを得なかった．本書は，その経緯を踏まえ，前著で省略した多くの事項について解説を行った．たとえば，以下の項目である．

- 調和解析学（フーリエ展開の可能性と収束性など）
- 関数解析学（作用素の拡大や関数空間の稠密性など）
- スペクトル理論（ヒルベルト–シュミット型積分作用素の性質など）
- リー群・リー環論（ベクトル場との関係やカシミール作用素など）
- 四元数環の理論（数論的コンパクト面の基本群の構成など）

その結果，セルバーグ跡公式の証明の肝である「積分作用素の固有値がラプラシアンの固有値のみの関数として表される」という「セルバーグの定理」に対しても，完全な証明を与えることができた．このサイズの解説書として，現時点では完備に近い形のものとなった．これは，本書の第一の特徴である．

本書の特徴の第二は，天下り的な定義を極力廃したことである．たとえば，双曲距離や双曲ラプラシアンの定義を天下り的に与えず，そう定義される理由や必然性の解説に努めた．リー環の導入も天下りに行わず，その意義と役割を解説した．また，この理論を学ぶ際の障壁とされてきた「コンパクトな基本領域を持つ離散群の実例」についても，そのための章を設けて四元数環の基礎から解説した．

関連分野が膨大であるため,「どこから勉強して良いかわからない」とも言われるセルバーグ理論の普及に，本書が少しでも貢献できれば幸いである．

2018 年 5 月 7 日　　著者

目次

第1章
双曲幾何学からの準備

1956 年にセルバーグ・ゼータ関数が誕生したとき，セルバーグが理論を展開した舞台は，複素上半平面

$$H = \{x + iy \mid x \in \mathbb{R},\ y > 0\}$$

であった．

H は複素平面を半分に切った形だが，単なる $\mathbb{R}^2$ の半分と異なる幾何学的な構造が入っている．本章では H の幾何学的な設定を行うとともに，セルバーグ・ゼータ関数に命を吹き込んだ「跡公式」の証明に必要な，調和解析学の基本事項をまとめる．

1.1 双曲平面

導入の方法として良く用いられるのは，H 上の距離（リーマン計量）や体積要素（面積要素），ラプラシアン（ラプラス・ベルトラミ作用素）などの定義を天下りに与えることである．実際，現存する書籍の多くがそのような方法によっており，それでも議論に支障はない．

しかし，本書では，できる限り天下り的な定義を廃し，定義式の必然性や着想の動機も含めた解説を目指す．

出発点として，群

$$G = SL(2, \mathbb{R}) = \left\{ \begin{pmatrix} a & b \\ c & d \end{pmatrix} \middle|\ ad - bc = 1,\ a, b, c, d \in \mathbb{R} \right\}$$

の H への作用

$$gz = \frac{az + b}{cz + d} \qquad \left(g = \begin{pmatrix} a & b \\ c & d \end{pmatrix} \in G,\ z \in H \right) \tag{1.1}$$

を考える．(1.1) が群作用になっていること，すなわち，

$$gz \in H \quad \text{かつ} \quad (g_1 g_2)z = g_1(g_2 z) \quad (g_1, g_2 \in G,\ z \in H)$$

であることは，容易に確かめられる．

実際，$gz \in H$ であることは，

$$\begin{aligned}\mathrm{Im}(gz) &= \mathrm{Im}\left(\frac{az+b}{cz+d}\right) = \mathrm{Im}\left(\frac{(az+b)(c\bar{z}+d)}{|cz+d|^2}\right) \\ &= \mathrm{Im}\left(\frac{(ax+b+ayi)(cx+d-cyi)}{|cz+d|^2}\right) \\ &= \frac{ay(cx+d)-(ax+b)cy}{|cz+d|^2} \\ &= \frac{ad-bc}{|cz+d|^2}y = \frac{y}{|cz+d|^2} > 0\end{aligned}$$

と示され，$(g_1g_2)z = g_1(g_2z)$ であることも，計算すれば容易に検証できる．

作用(1.1)を**一次分数変換**（一次変換，メビウス変換）と呼ぶ．一次変換は，代表的な等角写像として知られており，複素関数論の教科書でも「一次変換の重要性は等角写像の簡単な例という程度をはるかに超えている」（アールフォルス『複素解析』第三章．笠原乾吉訳）と認められている．よって，これを議論の出発点とすることに異存はないであろう．

はじめに，H 上に距離を定義する．ユークリッド平面 $\mathbb{R}^2$ の場合，$\mathbb{R}^2$ 内の曲線

$$z(t) = (x(t), y(t)) \qquad (0 \leqq t \leqq 1)$$

の長さは

$$\int_0^1 \sqrt{\left(\frac{dx}{dt}\right)^2 + \left(\frac{dy}{dt}\right)^2}\,dt$$

で与えられた．これは，リーマン計量

$$ds = \sqrt{dx^2 + dy^2}$$

によって距離が定義されたということである．そして，この距離は $\mathbb{R}^2$ の平行移動，回転移動，対称移動によって不変であるという性質を持っていた．

H の場合，G の作用で不変なリーマン計量は，以下の定理によって与えられる．

定理 1.1　H のリーマン計量

$$ds = \frac{1}{y}\sqrt{dx^2 + dy^2} \tag{1.2}$$

は一次変換で不変であり，逆に，一次変換で不変であるような H のリーマン計量は，(1.2) およびその定数倍に限る．

証明　はじめに，(1.2) の不変性を示す．曲線 $z(t) = x(t) + iy(t)$ $(0 \leqq t \leqq 1)$ が，$g \in G$ によって $w(t) = g(z(t)) = u(t) + iv(t)$ に移されたとする．このとき，(1.1) より

$$v = \frac{y}{|cz + d|^2}$$

であるから

$$\frac{1}{|cz + d|^2} = \frac{v}{y}.$$

よって，

$$w = \frac{az + b}{cz + d}$$

より，

$$\left|\frac{dw}{dz}\right| = \left|\frac{a(cz + d) - (az + b)c}{(cz + d)^2}\right| = \frac{1}{|cz + d|^2} = \frac{v(t)}{y(t)}.$$

したがって，曲線 $w(t)$ の長さは，

$$\begin{aligned}\int_0^1 \frac{1}{v(t)}\sqrt{\left(\frac{du}{dt}\right)^2 + \left(\frac{dv}{dt}\right)^2}\,dt &= \int_0^1 \frac{1}{v(t)}\left|\frac{dw}{dt}\right| dt = \int_0^1 \frac{1}{v(t)}\left|\frac{dw}{dz}\frac{dz}{dt}\right| dt \\ &= \int_0^1 \frac{1}{v(t)}\frac{v(t)}{y(t)}\left|\frac{dz}{dt}\right| dt = \int_0^1 \frac{1}{y(t)}\left|\frac{dz}{dt}\right| dt\end{aligned}$$

となり，曲線 $z(t)$ の長さに等しい．

次に，一次分数変換で不変なリーマン計量が(1.2)の定数倍に等しいことを示す．リーマン計量 ds が一次分数変換で不変であるとする．ds^2 は dx と dy の正定値 2 次形式であるが，一次分数変換のうち特に平行移動

$$\begin{pmatrix} 1 & b \\ 0 & 1 \end{pmatrix} z = z + b \qquad (b \in \mathbb{R})$$

によって，y を変えることなく x は任意に動くので，2 次形式の係数は y のみによることがわかる．次に変換

$$\begin{pmatrix} 0 & 1 \\ -1 & 0 \end{pmatrix} z = -\frac{1}{z}$$

を考える．円周 $|z| = 1$ 上では，この写像は

$$H \ni z = x + iy \longmapsto -\overline{z} = -x + iy \in H$$

という y 軸対称移動を表し，このとき，y を変えることなく x のみが符号が変わる．ds^2 はこのような状況下でも不変であるから，2 次形式の $dxdy$ の項は係数が 0 である．以上より，ある関数 $\varphi(y)$, $\psi(y) > 0$ を用いて

$$ds^2 = \varphi(y)dx^2 + \psi(y)dy^2$$

と表せる．ここで，相似変換

$$\begin{pmatrix} a & 0 \\ 0 & a^{-1} \end{pmatrix} z = a^2 z \qquad (a \in \mathbb{R})$$

を考える．これによって，ds^2 は変換

$$x \longmapsto a^2 x, \qquad y \longmapsto a^2 y$$

でも不変である．すなわち，

$$\begin{aligned} \varphi(a^2y)d(a^2x)^2 + \psi(a^2y)d(a^2y)^2 &= a^4(\varphi(a^2y)dx^2 + \psi(a^2y)dy^2) \\ &= \varphi(y)dx^2 + \psi(y)dy^2 \end{aligned}$$

が任意の $a \in \mathbb{R}$ に対して成り立つ必要がある．よって，

$$a^4\varphi(a^2y) = \varphi(y), \qquad a^4\psi(a^2y) = \psi(y).$$

とくに，$a = 1/\sqrt{y}$ のとき，

$$\frac{1}{y^2}\varphi(1) = \varphi(y), \qquad \frac{1}{y^2}\psi(1) = \psi(y).$$

よって，$\varphi(1) = 1$ のとき，$\psi(1) = \lambda$ とおくと，

$$ds^2 = \frac{dx^2 + \lambda dy^2}{y^2}$$

となる．$\lambda = 1$ ならば(1.2)に一致し，このときの不変性は既に示した．すなわち，$g(x+iy) = u + iv$ $(g \in G)$ のとき，

$$\frac{dx^2 + dy^2}{y^2} = \frac{du^2 + dv^2}{v^2} \tag{1.3}$$

である．あとは，

$$\frac{dx^2 + \lambda dy^2}{y^2} = \frac{du^2 + \lambda dv^2}{v^2} \tag{1.4}$$

が成り立つような λ が，$\lambda = 1$ に限ることを示す．

(1.4)，(1.3)を辺々引いて，

$$\frac{(\lambda - 1)dy^2}{y^2} = \frac{(\lambda - 1)dv^2}{v^2}. \tag{1.5}$$

ここで，$g = \begin{pmatrix} 0 & 1 \\ -1 & 0 \end{pmatrix}$ の場合を考えると，

$$v = \frac{y}{x^2 + y^2} \tag{1.6}$$

であることから，

$$\begin{aligned} dv &= \frac{(x^2 + y^2)dy - y(2xdx + 2ydy)}{(x^2 + y^2)^2} \\ &= \frac{(x^2 - y^2)dy - 2xydx}{(x^2 + y^2)^2} \end{aligned} \tag{1.7}$$

(1.6) (1.7)を(1.5)に代入して，以下，背理法で示す．仮に $\lambda \neq 1$ であるとすると，

$$\begin{aligned} \frac{dy^2}{y^2} &= \frac{(x^2 + y^2)^2}{y^2} \left(\frac{(x^2 - y^2)dy - 2xydx}{(x^2 + y^2)^2} \right)^2 \\ &= \frac{((x^2 - y^2)dy - 2xydx)^2}{y^2(x^2 + y^2)^2}. \end{aligned}$$

すなわち，

$$(x^2 + y^2)^2 dy^2 = ((x^2 - y^2)dy - 2xydx)^2.$$

これは明らかに不成立である．これで，$\lambda = 1$ が示された．　Q.E.D.

H 内の 2 点 z, w に対し，

$$\begin{aligned}\rho(z,w) &= \inf_{\gamma} \int_0^1 \frac{1}{y(t)} \sqrt{\left(\frac{dx}{dt}\right)^2 + \left(\frac{dy}{dt}\right)^2} dt \\ &= \inf_{\gamma} \int_0^1 \frac{1}{y(t)} \left|\frac{dz}{dt}\right| dt \qquad (1.8)\end{aligned}$$

とおく．ただし，$\inf\limits_{\gamma}$ は，z から w への道

$$\gamma = \{z(t) = x(t) + iy(t) \mid t \in [0,1],\ z(0) = z,\ z(1) = w\}$$

の全体にわたる．すると，$\rho(z,w)$ は距離の定義を満たす．すなわち，

- $\rho(z,w) \geqq 0$ であり，等号成立は $z = w$ のときのみ．
- $\rho(z,w) = \rho(w,z)$．
- $\rho(z,w) \leqq \rho(z.\xi) + \rho(\xi,w) \quad (\forall \xi \in H)$．

$\rho(z,w)$ で定義される H 上の距離を**双曲距離**[*1]という．

双曲距離によって距離空間とみたときの H を**双曲平面**と呼ぶ．今後，本書では，とくに断らない限り，H を双曲平面として扱い，H の位相は双曲距離によって導入される位相とする．このように H を位相空間，距離空間とみたとき，先に定義した一次分数変換は同相写像であり，さらに等長写像であるという事実を，次定理として挙げる．その前に，必要な記号と用語を定義しておく．一次分数変換のなす変換群

$$\left\{ z \longmapsto \frac{az+b}{cz+d} \;\middle|\; a,b,c,d \in \mathbb{R},\ ad - bc = 1 \right\}$$

を $PSL(2,\mathbb{R})$ とおく．これは，行列のなす群

$$G = SL(2,\mathbb{R}) = \left\{ \begin{pmatrix} a & b \\ c & d \end{pmatrix} \;\middle|\; ad - bc = 1,\ a,b,c,d \in \mathbb{R} \right\}$$

と似ているが，2 元 $\pm g \in G$ が変換群 $PSL(2,\mathbb{R})$ では同一の元となる点が異なる．

[*1] 双曲と名付ける理由については，1.2 節の末尾を参照.

すなわち，群同型

$$PSL(2,\mathbb{R}) \cong SL(2,\mathbb{R}) \Big/ \left\{ \pm \begin{pmatrix} 1 & 0 \\ 0 & 1 \end{pmatrix} \right\}$$

が成り立つ．

全単射 $f\colon\ H \longrightarrow H$ が距離を等しく保つとき，すなわち，任意の $z, w \in H$ に対し

$$\rho(z,w) = \rho(f(z), f(w))$$

が成り立つとき，f を H の**等長写像**と呼ぶ．等長写像の全体は，写像の合成を演算として群をなす．この群を**等長写像群**と呼び，記号 $\mathrm{Isomet}(H)$ で表す．

定理 1.2 $PSL(2,\mathbb{R})$ は，等長写像群 $\mathrm{Isomet}(H)$ の部分群である．

証明 一次分数変換が双曲距離を不変に保つことは，定理(1.1)の証明でみたとおりであるから，定理は成り立つ． Q.E.D.

1.2 測地線

$\mathbb{R}^2$ において，2 点を結ぶ最短経路は直線であり，直線に沿った道のりが距離を与えていた．H においてはどうであろうか．直線の役割を果たすものは何なのだろう．次の定理は，この問いに対する答えを与える．

定理 1.3 2 点 $z, w \in H$ に対し，それらを結ぶ以下の曲線に沿った道のりが，双曲距離となる．

(1) $\mathrm{Re}(z) = \mathrm{Re}(w)$ のとき．z と w を結ぶ鉛直線．

(2) $\mathrm{Re}(z) \neq \mathrm{Re}(w)$ のとき．z と w を結ぶ円弧のうち，円の中心が実軸上にあるもの．

証明 (1) $x = \mathrm{Re}(z) = \mathrm{Re}(w)$ とおくとき，行列 $\begin{pmatrix} 1 & -x \\ 0 & 1 \end{pmatrix}$ を z と w に施すと，2 点は y 軸上に移るので，$\mathrm{Re}(z) = \mathrm{Re}(w) = 0$ の場合に示せば良い．さらに，スカラー倍行列 $\begin{pmatrix} a & 0 \\ 0 & a^{-1} \end{pmatrix}$ を $a = 1/\sqrt{\mathrm{Im}(z)}$ として施せば，$\mathrm{Im}(z) = 1$ の場合に帰

着できる．また，必要なら z と w を入れ替えることにより，$\mathrm{Im}(w) > 1$ としてよい．以上より，$z = i$，$w = vi\ (v > 1)$ の場合に示せば良いことがわかる．

この 2 点を結ぶ曲線

$$x(t) + iy(t) \quad (t \in [0,1],\ y(0) = 1,\ y(1) = v > 1)$$

に沿った道のりは，

$$\int_0^1 \frac{1}{y}\sqrt{\left(\frac{dx}{dt}\right)^2 + \left(\frac{dy}{dt}\right)^2}dt \geqq \int_0^1 \frac{1}{y}\left|\frac{dy}{dt}\right| dt = \int_0^1 \frac{y'}{y}dt = \Big[\log y(t)\Big]_0^1$$
$$= \log y(1) - \log y(0) = \log v.$$

この不等式の等号成立は，$\dfrac{dx}{dt} = 0$ が常に成り立つとき，すなわち，道が鉛直線のときである．これで（1）が示された．

（2） $\mathrm{Re}(z) \neq \mathrm{Re}(w)$ のとき，定理の記述にある円弧は半円周であり，直径の両端で実軸と直交している．この交点を $\alpha, \beta \in \mathbb{R}$ とおくとき，この半円周を虚軸の上半部分に移す変換 $g \in PSL(2, \mathbb{R})$ で $g(\alpha) = 0$, $g(\beta) = i\infty$ となるものが存在[*2]する．よって，(2) は（1）に帰着される． Q.E.D.

定理 1.3 で求めた 2 種の曲線

- 鉛直線の上半部分
- 実軸上に直径の両端を持つ上半円周

を，双曲平面 H 上の**測地線**と呼ぶ．測地線は，$\mathbb{R}^2$ における直線の類似物である．

ここで，双曲距離や双曲平面において「双曲」という語が用いられている理由を述べる．何通りかの理由付けが可能であるが，数学者が一般に「双曲」と聞いて抱くイメージを踏まえ，ここでは二通りの解釈を紹介する．

第一の解釈は，H において「平行線が双曲的」となることである．双曲的とは，双曲線のように，果ての方に行くにつれて互いに離れていく性質を指す．$\mathbb{R}^2$ 上では，平行線は互いの距離が一定であるから，双曲的でない．H 上では，平行線を「ある測地

[*2] この事実は複素関数論の基本的な事項である．たとえば，アールフォルス著『複素解析』（笠原乾吉訳，現代数学社）第 3 章．第 3 節「一次変換」を参照．

線 C に直交する 2 本の測地線」と定義する．平行線が双曲的である事実は，C が虚軸の一部である場合を考えればわかる．C に直交する 2 本の測地線は，原点を中心とする同心円となり，それらは H 内では交わらず，それぞれ $\mathbb{R}$ 上（すなわち $y = 0$ 上）に極限点（無限遠点）を持つ．この極限点の間の距離が $y \to 0$ において無限大に発散することは，双曲距離の定義式（1.8）により確かめられる．

次に，第二の解釈は，双曲平面の「曲率」が -1 であり，これが双曲放物面 $z = x^2 - y^2$ と同じ性質であることによる．曲率とは，大雑把にいえば，直交する 2 方向に沿った 2 階微分の積のようなものである．2 方向の凸性が一致していれば曲率は正であり，その点における曲面の凹凸が定まる．たとえば球面は，任意の点における曲率が正で一定となる．一方，2 方向の凸性が異なる場合，曲率は負となる．その場合，その点の周辺では上に凸な曲線と下に凸な曲線が交差しており，曲面は馬の鞍のような形をしている．H の任意の点における曲率は -1 なので，H はいたるところ馬の鞍のような形をしていることになる．

曲率は「三角形の内角の和」によって特徴づけることもできるので，それを用いて双曲平面が負曲率であることに関する考察をしておこう．定理 1.1 で与えた計量の式は，$\dfrac{1}{y}$ が掛かっているのが特徴である．これはすなわち，双曲距離 $\rho(z, w)$ は，虚部が小さい x 軸の付近では見た目より長く，虚部が大きい x 軸から離れた辺りでは見た目より短いように定義されていることを意味している．三角形の例を考えてみよう．領域

$$D = \left\{ z \in X \;\middle|\; -\frac{1}{2} \leqq \mathrm{Re}(z) \leqq \frac{1}{2}, \quad |z| \geqq 1 \right\}$$

は，3 つの境界がすべて測地線からなるから，H 内の三角形である．通常の複素平面では D の形は図 1.1 の左図のようになるが，双曲距離が x 軸に近いほど長いことを考慮して D の形を直観に見合うように書き換えると，右図のようになる．これは角が細くなった三角形にみえる．

この図からもわかるように，双曲空間における三角形の内角の和は 180 度より小さくなる．この事実は双曲平面の特徴である．双曲でない面として，たとえば球面がある．球面上では，いたるところ曲率が正である．球面上の測地線は大円（中心を通る平面との交線）であり，大円の円弧を用いて三角形を描くと，内角は双曲距離のときとは反対に太くなり，内角の和は 180 度より大きくなる（図 1.2）．

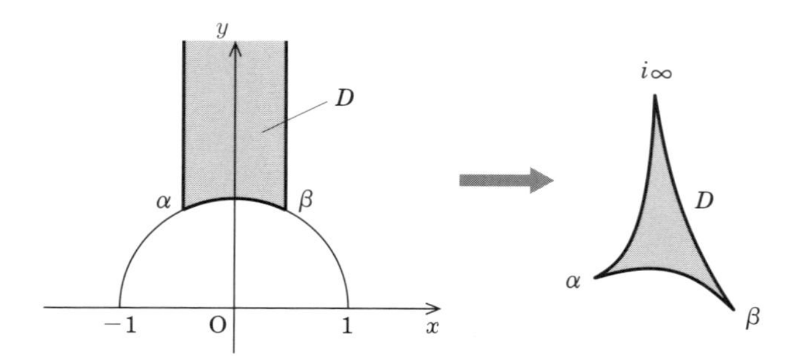

図 1.1　双曲平面上の三角形

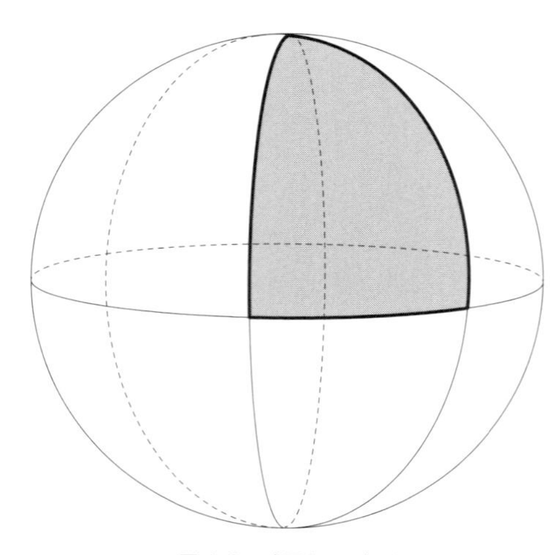

図 1.2　球面上の三角形

1.3　等質空間

本節では，双曲平面 H に対する新たな見方を導入する．一次分数変換による $G = SL(2,\mathbb{R})$ の H への作用は可移的（すなわち，任意の $z_1, z_2 \in H$ はある $g \in G$ によって $z_2 = gz_1$ の関係で結ばれる）であるから，H は任意の一点 $z \in H$ の軌道として

$$H = \{gz \mid g \in G\}$$

と表せる．ここで右辺の gz は，異なる g に対して同一の点となり得る．実際，$z=i$ に対し，$gi=i$ となる $g\in G$ は，

$$
\begin{aligned}
gi=i &\iff \frac{ai+b}{ci+d}=i \\
&\iff ai+b=(ci+d)i \\
&\iff a=d,\ b=-c \\
&\iff g=\begin{pmatrix} a & b \\ -b & a \end{pmatrix}
\end{aligned}
$$

となることから，任意の直交行列となる．

よって，直交行列の全体からなる群を

$$
K=SO(2)=\left\{ \begin{pmatrix} \cos\theta & -\sin\theta \\ \sin\theta & \cos\theta \end{pmatrix} \;\middle|\; 0\leqq\theta<2\pi \right\}
$$

とおけば，任意の $k\in K$ と任意の $g\in G$ に対し，

$$
gki=gi
$$

が成り立つ．すなわち，g と gk は，i を同じ点に移す．

以上の考察から，H を，剰余類の集合 G/K の作用による軌道の集合とみなすことができる．すなわち，点 $z\in H$ を，$gi=z$ なる $gK\in G/K$ と同一視して，

$$
H\ni z \overset{\sim}{\longmapsto} gK\in G/K \qquad (z=gi) \tag{1.9}
$$

とみなすのである．

G/K には，元々，G が行列の掛け算で自然に左から作用している．この作用が対応(1.9)を通じて G の H への一次分数変換と同一のものとなる．したがって，(1.9)は単なる全単射にとどまらず，G が作用する空間としての同型を表している．

これまで本書では，G の作用に関する不変性を満たすように H 上のリーマン計量や距離を定義してきたが，G/K 上においても対応する測度を導入し，(1.9)が，G が作用する距離空間としての同型を与えるようにする（後述）．

$G=SL(2,\mathbb{R})$ は，リー群の一例であり，$K=SO(2)$ はその閉部分群である．一般に，リー群をその閉部分群で割った右剰余類の空間（に商位相を入れ，C^∞ 多様体の構造を与えたもの）を，**等質空間**と呼ぶ．同型(1.9)は，H の等質空間としての見

方を示している．

H を等質空間として，より明確に理解するために，リー群の**岩澤分解**を導入する．これは，

$$G = NAK \tag{1.10}$$

という分解であり，ここに，A, N は，以下で定義される可換群である．

$$A = \left\{ \begin{pmatrix} \lambda & 0 \\ 0 & \lambda^{-1} \end{pmatrix} \middle| \ \lambda > 0 \right\},$$
$$N = \left\{ \begin{pmatrix} 1 & x \\ 0 & 1 \end{pmatrix} \middle| \ x \in \mathbb{R} \right\}.$$

(1.10) の右辺は群の直積ではなく，任意の $g \in G$ が

$$g = nak \qquad (n \in N,\ a \in A,\ k \in K)$$

の形に表されることを意味している．以下に定理として掲げるように，この表し方は一意的である．

定理 1.4（岩澤分解）　分解 (1.10) が成り立つ．すなわち，任意の $g \in G = SL(2, \mathbb{R})$ が，$n \in N$, $a \in A$, $k \in K$ の元の積として表される．また，この表し方は一意的である．

証明　$g = \begin{pmatrix} \alpha & \beta \\ \gamma & \delta \end{pmatrix}$ $(\alpha\delta - \beta\gamma = 1)$ とおく．$g = nak$ が成り立つとすると，両辺を i に施して

$$gi = nai.$$

$a = \begin{pmatrix} \lambda & 0 \\ 0 & \lambda^{-1} \end{pmatrix}$ とおくとき，この両辺を書き換えると

$$\frac{i}{\gamma^2 + \delta^2} = n(\lambda^2 i)$$

となるが，$n \in N$ の作用は $x \in \mathbb{R}$ を加えるものであるから，虚部を動かさない．したがって，

$$\frac{1}{\gamma^2+\delta^2}=\lambda^2.$$

よって,

$$\lambda=\frac{1}{\sqrt{\gamma^2+\delta^2}}$$

となり, $a\in A$ は確定する.

次に, N の形より, nak と ak の第 2 行は等しいので, $ak=\begin{pmatrix} * & * \\ \gamma & \delta \end{pmatrix}$ となることが必要である. このことから,

$$k=\frac{1}{\sqrt{\gamma^2+\delta^2}}\begin{pmatrix} \delta & -\gamma \\ \gamma & \delta \end{pmatrix}$$

でなくてはならない.

あとは, $n=\begin{pmatrix} 1 & x \\ 0 & 1 \end{pmatrix}$ とおいて, $x\in\mathbb{R}$ を求めればよい. 上で確定した a, k を用いて積を計算すると,

$$nak=\begin{pmatrix} \dfrac{\delta}{\gamma^2+\delta^2}+x\gamma & \dfrac{-\gamma}{\gamma^2+\delta^2}+x\delta \\ \gamma & \delta \end{pmatrix}$$

であるから,

$$\alpha=\frac{\delta}{\gamma^2+\delta^2}+x\gamma, \qquad \beta=\frac{-\gamma}{\gamma^2+\delta^2}+x\delta$$

がともに成り立つ必要がある. ところが, この 2 式の解 x は, 条件 $\alpha\delta-\beta\gamma=1$ を用いると, 一致することがわかる. 以上より, $g=nak$ を満たす $n\in N$, $a\in A$, $k\in K$ が存在し, 上の結果から, それらは一意的である. Q.E.D.

岩澤分解によって, $z=x+iy$ に対応する $gK\in G/K$ は,

$$gK=naK, \qquad n=\begin{pmatrix} 1 & x \\ 0 & 1 \end{pmatrix}, \qquad a=\begin{pmatrix} \sqrt{y} & 0 \\ 0 & \sqrt{y}^{-1} \end{pmatrix}$$

によって与えられることがわかる.

また, N の H への作用は x 軸方向の平行移動であり, A の H への作用は原点を中心とする相似変換であることも, 見てとれる.

次に，N, A, K 上の不変測度を考える．一般に，リー群上の測度は，その群自身の作用（群演算）に関して不変であるとき，ハール測度と呼ばれる．右演算と左演算の各々に対応して，右ハール測度と左ハール測度がある．可換群の場合，右ハール測度と左ハール測度は一致することが知られている（この性質をユニモジュラーという）．このときの不変測度を，単にハール測度という．可換群 N, A, K のハール測度は，次の定理で与えられる．

定理 1.5　可換群 N, A, K のハール測度は，以下の測度の定数倍である．

(1) $dn = dx \qquad \left(n = \begin{pmatrix} 1 & x \\ 0 & 1 \end{pmatrix} \in N\right).$

(2) $da = \dfrac{dy}{y} \qquad \left(a = \begin{pmatrix} \sqrt{y} & 0 \\ 0 & \sqrt{y}^{-1} \end{pmatrix} \in A\right).$

(3) $dk = \dfrac{d\theta}{2\pi} \qquad \left(k = \begin{pmatrix} \cos\theta & \sin\theta \\ -\sin\theta & \cos\theta \end{pmatrix} \in K\right).$

ただし，dx, dy, $d\theta$ は，ルベーグ測度である．

証明　(1)　n すなわち x の関数 $f(x)$ を用いて $dn = f(x)dx$ とおき，$f(x)$ を求める．$n' = \begin{pmatrix} 1 & x' \\ 0 & 1 \end{pmatrix}$ とおくと，行列の掛け算の結果が $nn' = \begin{pmatrix} 1 & x + x' \\ 0 & 1 \end{pmatrix}$ となるから，

$$d(nn') = f(x + x')d(x + x') = f(x + x')dx.$$

よって，ハール測度となる条件 $d(nn') = dn$ は，任意の $x \in \mathbb{R}$ に対して

$$f(x + x') = f(x) \qquad (\forall x' \in \mathbb{R})$$

が成り立つことと同値．とくに，$x = 0$ のとき，

$$f(x') = f(0) \qquad (\forall x' \in \mathbb{R})$$

が成り立つので，$f(x)$ は定数関数となる．

(2)　a すなわち y の関数 $f(y)$ を用いて $da = f(y)dy$ とおき，$f(y)$ を求める．$a' = \begin{pmatrix} \sqrt{y'} & 0 \\ 0 & \sqrt{y'}^{-1} \end{pmatrix}$ とおくと，$aa' = \begin{pmatrix} \sqrt{yy'} & 0 \\ 0 & \sqrt{yy'}^{-1} \end{pmatrix}$ となるから，

$$d(aa') = f(yy')d(yy') = y'f(yy')dy.$$

よって，任意の $y>0$ に対し，

$$y'f(yy') = f(y) \qquad (\forall y' > 0)$$

が成り立つ．とくに $y=1$ のとき，

$$y'f(y') = f(1) \qquad (\forall y' > 0),$$

すなわち

$$f(y') = \frac{f(1)}{y'} \qquad (\forall y' > 0)$$

が成り立つので，$f(y) = 1/y$ またはその定数倍である．

(3) k すなわち θ の関数 $f(\theta)$ を用いて $dk = f(\theta)d\theta$ とおき，$f(\theta)$ を求める．$k' = \begin{pmatrix} \cos\theta' & \sin\theta' \\ \sin\theta' & \cos\theta' \end{pmatrix}$ とおくと，$kk' = \begin{pmatrix} \cos(\theta+\theta') & \sin(\theta+\theta') \\ \sin(\theta+\theta') & \cos(\theta+\theta') \end{pmatrix}$ となるから，

$$d(kk') = f(\theta+\theta')d(\theta+\theta') = f(\theta+\theta')d\theta.$$

よって，

$$f(\theta+\theta') = f(\theta) \qquad (\forall \theta' \in \mathbb{R})$$

が成り立つので，(1) と同様にして $f(x)$ は定数関数となる． Q.E.D.

1.4 リー群としての $SL(2,\mathbb{R})$

本書の最大の主題は，セルバーグ・ゼータ関数がリーマン予想を満たすことである．この事実は，セルバーグ・ゼータ関数の零点を，ある作用素の固有値を用いて表すことによって証明される．その作用素はラプラシアン（ラプラス・ベルトラミ作用素）と呼ばれ，

$$H = \{x + iy \mid x \in \mathbb{R},\ y > 0\}$$

上の 2 階連続微分可能な関数に対して

$$\Delta = y^2 \left(\frac{\partial^2}{\partial x^2} + \frac{\partial^2}{\partial y^2} \right) \tag{1.11}$$

と定義される作用素 Δ を，$L^2(H)$ 上に拡大したものである．

本節では，定義式(1.11)を天下り的に与えるのではなく，そのように定義される理

由を解説する．そのためには，微分幾何学を用いてラプラス・ベルトラミ作用素の定義から計算する方法もあるが，本書ではより代数学的な方法を用いる．それは $SL(2,\mathbb{R})$ をリー群とみて，リー環の普遍包絡環の中心であるカシミール元を計算することである．この方法を学ぶことにより，より一般の群に対するセルバーグ・ゼータ関数の研究にも見通しが立ちやすくなる．

はじめに，$SL(2,\mathbb{R})$ をリー群とみなす解釈を学ぶ．本書では，主として線形リー群のみを扱う．**線形リー群**とは，$GL(n,\mathbb{C})$ の閉部分群のことである．ただし，$GL(n,\mathbb{C})$ には，$\mathbb{C}^{n^2}$ の部分集合としての位相を入れる．

一般のリー群は，局所的に $GL(n,\mathbb{C})$ の部分リー群となっているものとして定義される（多くの書物では，リー群を「C^ω 多様体の構造を持つ位相群で群演算が C^ω 級となるもの」として定義しているが，この定義が上の定義と同値であることは，たとえば小林・大島共著『リー群と表現論』（岩波書店）定理 5.27 にある）．

線形リー群の例としては，$SL(2,\mathbb{R})$ のほか，岩澤分解に登場した N, A, K も挙げられる．このうち，N, A は，$\mathbb{R}$ から $SL(2,\mathbb{R})$ への単射準同型

$$\mathbb{R} \ni x \longmapsto \begin{pmatrix} 1 & x \\ 0 & 1 \end{pmatrix} \in N,$$

$$\mathbb{R} \ni t \longmapsto \begin{pmatrix} e^t & 0 \\ 0 & e^{-t} \end{pmatrix} \in A$$

の像であるから，いずれも加法群 $\mathbb{R}$ に同型なリー群であり，これらはともに $\mathbb{R}$ の元の行列表現を与えている．

一方，線形リー群の定義が「閉部分群」に限定している理由に納得するために，閉でない部分群の例を挙げ，そこで発生する不都合を考察してみよう．実数 α に対し，$GL(2,\mathbb{C})$ の部分群

$$A_\alpha = \left\{ x(\theta) := \begin{pmatrix} e^{\theta i} & 0 \\ 0 & e^{\alpha\theta i} \end{pmatrix} \;\middle|\; \theta \in \mathbb{R} \right\}$$

を考える．A_α は $GL(2,\mathbb{C})$ の部分群であり，α が無理数ならば加法群 $\mathbb{R}$ に同型である．この事実は，群演算が指数法則により

$$x(\theta+\theta') = x(\theta)x(\theta')$$

と保たれること，そして，写像

$$\mathbb{R} \ni \theta \longmapsto x(\theta) \in A_\alpha$$

の単射性が

$$\begin{aligned} x(\theta) = x(\theta') &\Longleftrightarrow \theta - \theta' \in 2\pi\mathbb{Z} \quad \text{かつ} \quad \alpha(\theta - \theta') \in 2\pi\mathbb{Z} \\ &\Longrightarrow \theta = \theta' \quad \text{または} \quad 2\pi k\alpha \in 2\pi\mathbb{Z} \quad (\exists k \in \mathbb{Z}) \\ &\Longleftrightarrow \theta = \theta' \quad \text{または} \quad k\alpha \in \mathbb{Z} \quad (\exists k \in \mathbb{Z}) \\ &\Longleftrightarrow \theta = \theta' \quad \text{または} \quad \alpha \in \mathbb{Q} \end{aligned}$$

となって示されることからわかる．

そして，α が無理数ならば群 A_α は，閉でないことが，以下の理由によって示される．A_α 内の点列

$$\{x(2\pi n) \mid n = 1, 2, 3, \cdots\}$$

は有界無限列であるから，ワイヤストラスの定理によって収束部分列を持つ．これを

$$\{x(2\pi n_j) \mid j = 1, 2, 3, \cdots\}$$

とおく．ここで，以下の命題を思い出そう．これは，エルゴード理論などにおける基本的な事実として知られているが，念のため証明を付けておく．

命題 1.6 任意の無理数 $\alpha \in \mathbb{R}$ に対し，数列 $\{\alpha n \mid n = 1, 2, 3, \cdots\}$ の小数部分の集合は，$\mathbb{R}/\mathbb{Z}$ の稠密な部分集合をなす．

証明 任意の $\varepsilon > 0$ と任意の $x \in [0, 1)$ に対し，ある $n \in \mathbb{Z}$ が存在して，$|\alpha n - x| < \varepsilon$ となることを示せば良い．そのためには，任意の $N \in \mathbb{Z}$ に対し，$\varepsilon = 1/N$ のときに示せれば十分である．区間 $[0, 1)$ を長さ $\varepsilon = 1/N$ の N 個の小区間に分割すると，$1 \leqq n \leqq N + 1$ なる $(N + 1)$ 個の n に対し，αn の小数部分のいずれか 2 つは同じ小区間に属する．すなわち，ある $n_1, n_2 \in \mathbb{Z}$ が存在して

$$|\alpha n_1 - \alpha n_2| < \varepsilon.$$

ここで，$n_0 = |n_1 - n_2|$ とおくと，$0 \leqq \alpha n_0 < \varepsilon$ であるから，与えられた $x \in [0, 1)$ に対して数列

$$\{x - \alpha n_0 k \mid k = 1, 2, 3, \cdots\}$$

は，隣り合う元の間隔が ε 未満となり，$0 \leqq x - \alpha n_0 k < \varepsilon$ なる k が存在する．

Q.E.D.

この命題より，A_α の点列

$$x(2\pi n) = \begin{pmatrix} 1 & 0 \\ 0 & e^{2\pi n\alpha i} \end{pmatrix} \qquad (n = 1, 2, 3, \cdots)$$

は，任意の $\mu \in \mathbb{R}$ に対し，$\begin{pmatrix} 1 & 0 \\ 0 & e^{2\pi\mu i} \end{pmatrix}$ を集積点に持つ．しかし，一般に $\mu \notin \alpha\mathbb{Z}$ のとき，

$$\begin{pmatrix} 1 & 0 \\ 0 & e^{2\pi\mu i} \end{pmatrix} \notin A_\alpha$$

である．なぜなら，もし

$$\begin{pmatrix} 1 & 0 \\ 0 & e^{2\pi\mu i} \end{pmatrix} = \begin{pmatrix} e^{\theta i} & 0 \\ 0 & e^{\alpha\theta i} \end{pmatrix} \in A_\alpha$$

であったとすると，各対角成分どうしを比較して

$$\theta \in 2\pi\mathbb{Z} \quad \text{かつ} \quad 2\pi\mu - \alpha\theta \in 2\pi\mathbb{Z}$$

となる．第一式より，ある $m \in \mathbb{Z}$ によって $\theta = 2\pi m$ とおけるが，第二式より

$$2\pi\mu - 2\pi\alpha m = 2\pi(\mu - \alpha m) \in 2\pi\mathbb{Z},$$

すなわち，$\mu \in \alpha\mathbb{Z}$ となり，μ の取り方に矛盾する．

よって，A_α の点列で，$GL(2, \mathbb{C})$ 内で収束するにも関わらず，極限が A_α の外部にあるものが存在する．これで，A_α が閉集合でないことが示された．

この例で見るように，閉でない部分群は，仮に群として同型であっても，極限操作に関して閉じていない．このような不都合を回避するため，リー群の定義に閉部分群の仮定を設けているのである．

1.5　行列の指数写像

行列の関数を扱う準備として，実数の関数についての復習から始めよう．実変数の関数 $f(x)$ が，$a \in \mathbb{R}$ で実解析的（あるいは C^ω 級）であるとは，a の近傍

$$U_r(a) = \{x \in \mathbb{R} \mid |x - a| < r\}$$

上で収束するべき級数によって

$$f(x) = \sum_{j=0}^{\infty} c_j (x-a)^j \qquad (c_j \in \mathbb{C})$$

と表されることである．これを多変数に拡張し，実 n 変数の関数 $f(\boldsymbol{x})$ $(\boldsymbol{x} = (x_1, \cdots, x_n) \in \mathbb{R}^n)$ が $\boldsymbol{a} = (a_1, \cdots, a_n) \in \mathbb{R}^n$ で**実解析的**（C^ω 級）であることを，$\boldsymbol{a}$ の近傍

$$U_r(\boldsymbol{a}) = \{\boldsymbol{x} \in \mathbb{R}^n \mid |x_k - a_k| < r \quad (k = 1, 2, \cdots, n)\}$$

上で収束するべき級数によって

$$f(\boldsymbol{x}) = \sum_{j_1=0}^{\infty} \cdots \sum_{j_n=0}^{\infty} c_{j_1,\cdots,j_n} (x_1 - a_1)^{j_1} \cdots (x_n - a_n)^{j_n} \qquad (c_{j_1,\cdots,j_n} \in \mathbb{C})$$

と表されることと定義する．さらにこれを複素数に拡張し，複素 n 変数の関数 $f(\boldsymbol{z})$ $(\boldsymbol{z} = (z_1, \cdots, z_n) \in \mathbb{C}^n)$ が $\boldsymbol{a} = (a_1, \cdots, a_n) \in \mathbb{C}^n$ で**正則**であるとは，$\boldsymbol{a}$ の近傍

$$U_r(\boldsymbol{a}) = \{\boldsymbol{z} \in \mathbb{C}^n \mid |z_k - a_k| < r \quad (k = 1, 2, \cdots, n)\}$$

上で収束するべき級数によって

$$f(\boldsymbol{z}) = \sum_{j_1=0}^{\infty} \cdots \sum_{j_n=0}^{\infty} c_{j_1,\cdots,j_n} (z_1 - a_1)^{j_1} \cdots (z_n - a_n)^{j_n} \qquad (c_{j_1,\cdots,j_n} \in \mathbb{C})$$

と表されることと定義する．定義域の各点で正則な関数を，**正則関数**という．

定理 1.7（ワイヤストラスの定理） $\mathbb{C}^n$ の開集合 D 上で定義された正則関数 $f_j(\boldsymbol{z})$ $(j = 1, 2, 3, \cdots)$ が $j \to \infty$ で $f(\boldsymbol{z})$ に広義一様収束するとき，$f(\boldsymbol{z})$ は D 上の正則関数である．

証明 $f_j(\boldsymbol{z})$ は正則であるから，

$$f_j(\boldsymbol{z}) = \sum_{j_1=0}^{\infty} \cdots \sum_{j_n=0}^{\infty} c^{(j)}_{j_1,\cdots,j_n} (z_1 - a_1)^{j_1} \cdots (z_n - a_n)^{j_n} \qquad (c_{j_1,\cdots,j_n} \in \mathbb{C})$$

と，ある $c^{(j)}_{j_1,\cdots,j_n} \in \mathbb{C}$ を用いて表せる．$0 < R < r$ なる任意の R に対し

$$C = \{\boldsymbol{z} \in \mathbb{C}^n \mid |z_k - a_k| = R \quad (k = 1, 2, \cdots, n)\}$$

とおくと，コーシーの積分公式より

$$c^{(j)}_{j_1,\cdots,j_n} = \frac{(-1)^{j_1+\cdots+j_n}}{(2\pi i)^n}\int_C \frac{f_j(\boldsymbol{z})}{(z_1-a_1)^{j_1+1}\cdots(z_n-a_n)^{j_n+1}}dz_1\cdots dz_n$$

が成り立つ．広義一様収束の仮定より，右辺で $j\to\infty$ とした

$$\frac{(-1)^{j_1+\cdots+j_n}}{(2\pi i)^n}\int_C \frac{f(\boldsymbol{z})}{(z_1-a_1)^{j_1+1}\cdots(z_n-a_n)^{j_n+1}}dz_1\cdots dz_n \tag{1.12}$$

は収束するので，この値を $c_{j_1,\cdots,j_n}$ とおくと，

$$f(\boldsymbol{z}) = \sum_{j_1=0}^{\infty}\cdots\sum_{j_n=0}^{\infty} c_{j_1,\cdots,j_n}(z_1-a_1)^{j_1}\cdots(z_n-a_n)^{j_n} \tag{1.13}$$

が成り立つ．(1.12) より，$M_R = \max_{\boldsymbol{z}\in C}|f(\boldsymbol{z})|$ とおけば，

$$|c_{j_1,\cdots,j_n}| \leqq \frac{M_R}{R^{j_1+\cdots+j_n}}$$

が成り立つので，

$$\sum_{j_1=0}^{\infty}\cdots\sum_{j_n=0}^{\infty}|c_{j_1,\cdots,j_n}(z_1-a_1)^{j_1}\cdots(z_n-a_n)^{j_n}|$$
$$\leqq M_R\frac{1}{1-\dfrac{|z_1-a_1|}{R}}\cdots\frac{1}{1-\dfrac{|z_n-a_n|}{R}}$$

となり，べき級数(1.13)は

$$|z_k-a_k|<R \qquad (k=1,2,\cdots,n)$$

で収束する．　Q.E.D.

一般に，V を $\mathbb{C}$ 上のヒルベルト空間（内積が定義されている完備な距離空間）とし，V のノルムを $\|\cdot\|_V$ で表すとき，線形写像 $T:V\to V$ の作用素ノルムを

$$\|T\| = \sup_{v\in V,\ \|v\|_V=1}\|Tv\|_V$$

で定義する．

命題 1.8　有限次元ヒルベルト空間 V 上の線形写像 T が，V の正規直交基底に関して $T=(t_{i,j})_{1\leqq i,j\leqq n}$ と行列表示されたとする．このとき，次の不等式が成り立つ．

$$\max_{i,j} |t_{i,j}| \leqq \|T\| \leqq \sqrt{n} \max_{i,j} |t_{i,j}|.$$

証明 行列の積の計算により

$$Tv = (t_{i,j})_{1 \leqq i,j \leqq n} (v_j)_{1 \leqq j \leqq n} = \left(\sum_{j=1}^{n} t_{i,j} v_j \right)_{1 \leqq i \leqq n}$$

であるから，$\|v\|_V = 1$ のとき

$$\begin{aligned} \|Tv\|_V &= \sqrt{\sum_{i=1}^{n} \left| \sum_{j=1}^{n} T_{i,j} v_j \right|^2} \\ &\leqq \left(\max_{i,j} |t_{i,j}| \right) \sqrt{\sum_{i=1}^{n} \left| \sum_{j=1}^{n} v_j \right|^2} \\ &= \sqrt{n} \left(\max_{i,j} |t_{i,j}| \right) \|v\|_V \\ &= \sqrt{n} \max_{i,j} |t_{i,j}|. \end{aligned}$$

$|t_{i,j}|$ が最大となるような i, j の組が，$i = a$, $j = b$ であるとする．縦ベクトル $v_0 = (v_j)_{1 \leqq j \leqq n}$ を

$$v_j = \begin{cases} 1 & (j = b) \\ 0 & (j \neq b) \end{cases} \qquad (j = 1, 2, \cdots, n)$$

とおくと，

$$\|T\| \geqq \|Tv_0\|_V = \sqrt{\sum_{i=1}^{n} |t_{i,j} v_j|^2} \geqq |t_{a,b}| = \max_{i,j} |t_{i,j}|. \qquad \text{Q.E.D.}$$

$V = \mathbb{C}^n$ のとき，2 元 $v = (v_j)_{1 \leqq j \leqq n}$, $w = (w_j)_{1 \leqq j \leqq n}$ の内積は

$$(v, w)_V = \sum_{j=1}^{n} v_j \overline{w_j}$$

で与えられ，V におけるノルムは

$$\|v\|_V = (v, v)_V = \sum_{j=1}^{n} |v_j|^2$$

となる．V 上の線形変換は n 次複素正方行列 $A = (a_{i,j})_{1 \leqq i,j \leqq n}$ で表され，その作用

素ノルムは

$$\|A\| = \sup_{\|v\|_V=1} \|Av\|_V$$

で定義される．n 次正方行列の列 A_k $(k = 1, 2, 3, \cdots)$ が与えられたとき，

$$\lim_{k\to\infty} \|A_k\| = 0$$

は，A_k の成分の絶対値の最大値が 0 に収束することと同値であるから，A_k の全成分が 0 に収束することと同値である．この同値条件が成り立つことを，行列に関する極限値の記号を用いた式

$$\lim_{k\to\infty} A_k = O$$

で表す．より一般に，n 次複素正方行列の列 A_k $(k = 0, 1, 2, 3, \cdots)$ が

$$\lim_{k\to\infty} \|A_k - A_0\| = 0$$

を満たすとき，

$$\lim_{k\to\infty} A_k = A_0$$

と定義する．

命題 1.9（行列のべき級数）　複素変数のべき級数

$$f(t) = \sum_{j=1}^{\infty} c_j t^j \qquad (c_j \in \mathbb{C})$$

の収束半径が R 以上であるとする．n 次複素行列 X が $\|X\| < R$ を満たすとき，行列の極限値の式

$$f(X) = \sum_{j=1}^{\infty} c_j X^j$$

は収束し，$f(X)$ は n^2 変数 $X = (x_{i,j})_{1 \leqq i,j \leqq n}$ の複素関数として $\mathbb{C}^{n^2}$ 内の領域 $\|X\| < R$ 上で定義される正則関数となる．

証明　収束を示したい級数 $f(X)$ の部分和を

$$f_k(X) = \sum_{j=1}^{k} c_j X^j$$

とおく．$f(X)$ の収束を示すには，コーシー列の原理より，$k > t$ に対して

$$\lim_{t\to\infty} \|f_k(X) - f_t(X)\| = \lim_{t\to\infty} \left\| \sum_{j=t+1}^{k} c_j X^j \right\| = 0 \tag{1.14}$$

を示せば良い．ところが，

$$\left\| \sum_{j=t+1}^{k} c_j X^j \right\| \leqq \sum_{j=t+1}^{k} |c_j| \, \|X\|^j \tag{1.15}$$

であり，複素変数のべき級数

$$F(t) = \sum_{j=1}^{\infty} |c_j| t^j$$

は仮定より $|t| < R$ で収束し，t に関する連続関数となる．よって，$\|X\| < R$ 上で，$F(\|X\|)$ は収束し，$k > t$ のとき

$$\lim_{t\to\infty} \sum_{j=t+1}^{k} |c_j| \, \|X\|^j = 0$$

となる．ゆえに，(1.15) より (1.14) が成り立ち，$f(X)$ の収束が示せた．$f_t(X)$ の成分は，X の成分 $x_{i,j}$ の多項式であるから，$f_t(X)$ は $\mathbb{C}^{n^2}$ の領域 $\|X\| < R$ 上の正則関数であり，この収束は広義一様であるから，ワイヤストラスの定理（定理 1.7）から $f(X)$ は正則関数となる．　Q.E.D.

これより，行列の指数・対数関数を定義し，その性質をみていく．まず，そのための基本的な補題を挙げておく．

補題 1.10　$f(t), h(t), u(t), v(t)$ を収束べき級数とする．

(1) $f(t), h(t)$ の収束半径が R であり，$u(t) = f(t) + h(t), v(t) = f(t)h(t)$ であるとき，$\|X\| < R$ なる n 次複素行列 X に対し

$$u(X) = f(X) + h(X), \tag{1.16}$$

$$v(X) = f(X)h(X) \tag{1.17}$$

が成り立つ．

(2) $f(t)$, $h(t)$ の収束半径がそれぞれ R, R' であり，

$$\|X\| < R \quad \Longrightarrow \quad \|f(X)\| < R'$$

が成り立つとき，$u(t) = h(f(t))$ に対し，

$$u(X) = h(f(X)) \qquad (\|X\| < R) \tag{1.18}$$

が成り立つ．

証明　行列 X が対角化可能なときは，ある $g \in GL(n, \mathbb{C})$ が存在して

$$g^{-1}Xg = \begin{pmatrix} \lambda_1 & & 0 \\ & \ddots & \\ 0 & & \lambda_n \end{pmatrix}$$

となる．対角行列 $\begin{pmatrix} \lambda_1 & & \\ & \ddots & \\ & & \lambda_n \end{pmatrix}$ に対しては，

$$\begin{pmatrix} \lambda_1 & & \\ & \ddots & \\ & & \lambda_n \end{pmatrix}^j = \begin{pmatrix} \lambda_1^j & & \\ & \ddots & \\ & & \lambda_n^j \end{pmatrix}$$

が成り立つので，

$$f(g^{-1}Xg) = f\left(\begin{pmatrix} \lambda_1 & & \\ & \ddots & \\ & & \lambda_n \end{pmatrix}\right) = \begin{pmatrix} f(\lambda_1) & & \\ & \ddots & \\ & & f(\lambda_n) \end{pmatrix} \quad (|\lambda_i| < R)$$

となる．$(g^{-1}Xg)^n = g^{-1}X^n g$ より $g^{-1}f(X)g = f(g^{-1}Xg)$ であるから，補題は成立する．

次に，X が一般のとき，ある $g \in GL(n, \mathbb{C})$ が存在して $Y = g^{-1}Xg$ が上三角行列になる．ここで，

$$E(s) = \begin{pmatrix} s & & 0 \\ & \ddots & \\ 0 & & s^n \end{pmatrix}$$

とおくと，$0 < |s| < 1$ のとき，行列 $Y + E(s)$ の固有値はすべて異なる．よって $Y + E(s)$ は対角化可能であり，

$$X = \lim_{s \to 0} g(Y + E(s))g^{-1}$$

であることから，X は対角化可能行列の極限で表せる．(1.16)，(1.17)，(1.18) の両辺は X に関して連続であるから，対角化可能行列に対する (1.16)，(1.17)，(1.18) の極限をとることにより，一般の場合の証明を終わる．　Q.E.D.

n 次複素行列 X に対し，行列の**指数関数**を

$$\exp X = e^X = \sum_{j=0}^{\infty} \frac{X^j}{j!}$$

で定義し，行列の**対数関数**を

$$\log X = \sum_{j=1}^{\infty} \frac{(-1)^{j-1}}{j}(X - I_n)^j \qquad (\|X - I_n\| < 1)$$

で定義する．ただし，I_n は n 次単位行列である．

行列の対数関数は上の展開式によってのみ定義されるため，収束範囲が常に付いて回る．たとえば，次の命題は，指数と対数の基本的な関係を与えるが，実数の場合と異なり，範囲の条件が付くので注意が必要である．

命題 1.11（行列の指数・対数関数）

(1) $e^{\log X} = X$（ただし，$\|X - I_n\| < 1$）．

(2) $\log e^X = X$（ただし，$\|X\| < \log 2$）．

証明　べき級数

$$e^t = \sum_{j=0}^{\infty} \frac{t^j}{j!},$$

$$\log(t+1) = \sum_{j=1}^{\infty} \frac{(-1)^{j-1}}{j} t^j$$

は収束半径がそれぞれ ∞, 1 である．

(1.18) において，$f(t) = \log t$, $h(t) = e^t$ とおくと，$R = 1$, $R' = \infty$ ととれて，$\|X - I_n\| < R = 1$ の下で示すべき（1）が成り立つ．

次に，(1.18) において，$f(t) = e^t$, $h(t) = \log t$ とおくと，$R = \infty$, $R' = 1$ となり，$\|X\| < \log 2$ であれば，

$$\|e^X - I_n\| \leqq \sum_{j=1}^{\infty} \frac{\|X\|}{j!} = e^{\|X\|} - 1 < 1$$

となり，$\|f(X)\| < R' = 1$，すなわち $\|e^X\| < 1$ の条件を満たす．これで，(2) も示された．　Q.E.D.

指数法則は，可換な行列に対してのみ成り立つ．これは大きな特徴である．

命題 1.12（可換行列の指数法則）　n 次複素行列 X, Y が可換，すなわち，$XY = YX$ を満たすとき，指数法則

$$e^{X+Y} = e^X e^Y$$

が成り立つ．

証明　可換であれば，二項定理

$$(X+Y)^j = \sum_{i=0}^{j} \frac{j!}{i!(j-i)!} X^i Y^{j-i}$$

が成り立つので，

$$\begin{aligned} e^{X+Y} &= \sum_{j=0}^{\infty} \frac{1}{j!}(X+Y)^j \\ &= \sum_{j=0}^{\infty} \frac{1}{j!} \sum_{i=0}^{j} \frac{j!}{i!(j-i)!} X^i Y^{j-i} \\ &= \sum_{j=0}^{\infty} \sum_{i=0}^{j} \frac{X^i}{i!} \frac{Y^{j-i}}{(j-i)!} \\ &= \left(\sum_{i=0}^{\infty} \frac{X^i}{i!}\right)\left(\sum_{k=0}^{\infty} \frac{Y^k}{k!}\right) = e^X e^Y. \end{aligned}$$

Q.E.D.

命題 1.13（指数関数の基本的性質）　n 次複素行列 X, Y に対し，次の (1)〜(3) が成り立つ．

(1) $m \in \mathbb{Z}$ に対し，$(e^X)^m = e^{mX}$.

(2) $k \in \mathbb{Z}$ に対し，$e^{tX} = \sum_{j=0}^{k} \frac{t^j X^j}{j!} + O(t^{k+1})$.

(3) $\frac{d}{dt} e^{tX} = e^{tX} X = X e^{tX}$.

証明　(1)　$m = 0$ に対しては，指数関数の定義から (1) の成立を直接確かめることができる．$m \geqq 1$ のとき，命題 1.12 を $Y = (m-1)X$ のときに適用すると，$e^{mX} = e^{X+(m-1)X} = e^X e^{(m-1)X}$ であるから，帰納的に (1) が示される．

次に，命題 1.12 を $Y = -X$ のときに適用する．$e^X e^{-X} = e^O = I$（単位行列）より，$e^{-X} = (e^X)^{-1}$（逆行列）である．これで，$m = -1$ のときに (1) が示された．$m \leqq -2$ のとき，$m = -m'$ $(m' \geqq 2)$ とおき，命題 1.12 の X, Y をそれぞれ，$-X$，$(1-m')X$ として適用すると，$e^{mX} = e^{-m'X} = e^{-X+(1-m')X} = e^{-X} e^{(1-m')X} = e^{-X} e^{-(m'-1)X}$ であるから，帰納的に (1) が示される．

(2)

$$
\begin{aligned}
\left\| e^{tX} - \sum_{j=0}^{k} \frac{t^j X^j}{j!} \right\| &= \left\| \sum_{j=k+1}^{\infty} \frac{t^j X^j}{j!} \right\| \\
&\leqq |t|^{k+1} \|X^{k+1}\| \left\| \sum_{i=0}^{\infty} \frac{t^i X^i}{(i+k+1)!} \right\| \\
&\leqq |t|^{k+1} \|X^{k+1}\| e^{|t|\|X\|} \\
&= O(t^{k+1}).
\end{aligned}
$$

(3)

$$
\begin{aligned}
\frac{d}{dt} e^{tX} &= \lim_{h \to 0} \frac{e^{(t+h)X} - e^{tX}}{h} \\
&= \lim_{h \to 0} \frac{e^{tX}(e^{hX} - I_n)}{h} \\
&= e^{tX} \lim_{h \to 0} \frac{hX + O(h^2)}{h} \\
&= e^{tX} X.
\end{aligned}
$$

また，$e^{tX} e^{hX} = e^{(t+h)X} = e^{(h+t)X} = e^{hX} e^{tX}$ より，

$$\frac{d}{dt}e^{tX} = Xe^{tX}$$

も成り立つ．　　Q.E.D.

1.6 リー環

実数の全体からなる加法群 $\mathbb{R}$ と，正の実数全体からなる乗法群 $\mathbb{R}_+^\times$ は，指数関数によって

$$\mathbb{R} \ni x \overset{\sim}{\longmapsto} e^x \in \mathbb{R}_+^\times$$

という同型対応が与えられ，$\mathbb{R}$ 内の 0 の近傍は $\mathbb{R}_+^\times$ 内の 1 の近傍に移る．逆元やべき乗など，積に関する構造を見たいとき，この対応を経由してそれらを和に関する概念に翻訳すると見やすいことがある．行列群の場合，こうした手法はしばしば強力なものとなる．ただし，前節でみたように，行列の指数関数が指数法則 $e^{X+Y} = e^X e^Y$ を満たすのは，可換な行列など限られた場合のみである．

一般の行列に対し，指数法則の左辺と右辺は等しくないわけだが，本節で導入するリー環を用いると，その両辺の差を記述できる．それによって，指数法則が成り立たない理由や背景にある構造の考察が可能となる．

線形リー群 G のリー環を，

$$\mathrm{Lie}(G) = \{X : \ n \text{ 次複素行列} \mid e^{tX} \in G \quad (\forall t \in \mathbb{R})\} \tag{1.19}$$

と定義する．リー環は，ドイツ文字の小文字で対応するアルファベットを用いて表記する習慣がある．たとえば，リー群 G のリー環を $\mathfrak{g}$，リー群 $SL(2,\mathbb{R})$ のリー環を $\mathfrak{sl}(2,\mathbb{R})$ などと表す．

命題 1.14（指数関数の非可換性）　n 次複素行列 X, Y の指数関数は，$t \in \mathbb{C}$ に対し，次を満たす．

(1) $e^{tX}e^{tY} = \exp\left(t(X+Y) + \dfrac{t^2}{2}[X,Y] + O(t^3)\right)$.

(2) $e^{tX}e^{tY}e^{-tX} = \exp\left(tY + t^2[X,Y] + O(t^3)\right)$.

(3) $e^{tX}e^{tY}e^{-tX}e^{-tY} = \exp\left(t^2[X,Y] + O(t^3)\right)$.

ただし，$[X,Y]=XY-YX$ であり，これは X, Y の交換子あるいはブラケット積と呼ばれる．

証明　(1) 指数関数の定義を用いて左辺を変形すると，

$$
\begin{aligned}
e^{tX}e^{tY} &= \left(I_n + tX + \frac{t^2}{2}X^2 + O(t^3)\right)\left(I_n + tY + \frac{t^2}{2}Y^2 + O(t^3)\right) \\
&= I_n + t(X+Y) + \frac{t^2}{2}(X^2 + 2XY + Y^2) + O(t^3)
\end{aligned}
$$

であるから，

$$
\begin{aligned}
\log(e^{tX}e^{tY}) &= (e^{tX}e^{tY} - I_n) - \frac{1}{2}(e^{tX}e^{tY} - I_n)^2 + O(\|e^{tX}e^{tY} - I_n\|^3) \\
&= t(X+Y) + \frac{t^2}{2}(X^2 + 2XY + Y^2) \\
&\qquad - \frac{1}{2}\left(t(X+Y) + \frac{t^2}{2}(X^2 + 2XY + Y^2) + O(t^3)\right)^2 + O(t^3) \\
&= t(X+Y) + \frac{t^2}{2}\left(X^2 + 2XY + Y^2 - (X+Y)^2\right) + O(t^3) \\
&= t(X+Y) + \frac{t^2}{2}\left(XY - YX\right) + O(t^3) \\
&= t(X+Y) + \frac{t^2}{2}[X,Y] + O(t^3).
\end{aligned}
$$

これで (1) が示された．

(2) 上で示した (1) より，

$$
\begin{aligned}
&\log(e^{tX}e^{tY}e^{-tX}) \\
&= \log\left(\exp\left(t(X+Y) + \frac{t^2}{2}[X,Y] + O(t^3)\right)\exp(-tX)\right) \\
&= \log\left(\exp\left(t\left((X+Y) + \frac{t}{2}[X,Y] + O(t^2)\right)\right)\exp(-tX)\right).
\end{aligned}
$$

(1) の結果において，X, Y をそれぞれ $(X+Y) + \dfrac{t}{2}[X,Y] + O(t^2)$, $-X$ で置き換えると，これは次式に等しい．

$$
\log(e^{tX}e^{tY}e^{-tX})
$$

$$= t\left(\left((X+Y)+\frac{t}{2}[X,Y]+(-X)\right)+\frac{t^2}{2}[X+Y,-X]\right)+O(t^3)$$
$$= tY + t^2[X,Y] + O(t^3).$$

これで（2）が示された．

（3）上で示した（2）と同様の方法で証明できる．（1）における X, Y をそれぞれ $Y + t[X,Y] + O(t^2)$，$-Y$ で置き換えて

$$\begin{aligned}\log(e^{tX}e^{tY}e^{-tX}e^{-tY}) &= \log\left(\exp\left(t\left(Y+t[X,Y]+O(t^2)\right)\right)\exp(-tY)\right)\\ &= t\left(Y+t[X,Y]+(-Y)\right)+\frac{t^2}{2}[Y,-Y]+O(t^3)\\ &= t^2[X,Y]+O(t^3).\end{aligned}$$

Q.E.D.

いくつかの線形リー群に対し，リー環の実例を挙げる．

［例 1］　線形リー群 $GL(n,\mathbb{C})$ と $GL(n,\mathbb{R})$ のリー環 $\mathfrak{gl}(n,\mathbb{C})$，$\mathfrak{gl}(n,\mathbb{R})$ は，それぞれ，n 次複素行列の全体 $M(n,\mathbb{C})$ と，n 次実行列の全体 $M(n,\mathbb{R})$ である．

●**証明**　以下，$GL(n,\mathbb{C})$ の場合に証明する（$GL(n,\mathbb{R})$ の場合の証明も同様である）．任意の $X \in M(n,\mathbb{C})$ と任意の $t \in \mathbb{R}$ に対し $e^{tX} \in GL(n,\mathbb{C})$ であることを示せば良い．命題 1.12 より，$I_n = e^{tX+(-tX)} = e^{tX}e^{-tX}$ であるから，e^{tX} は逆行列 e^{-tX} を持つので正則．したがって，$e^{tX} \in GL(n,\mathbb{C})$ である．　Q.E.D.

［例 2］　線形リー群 $SL(n,\mathbb{C})$ と $SL(n,\mathbb{R})$ のリー環 $\mathfrak{sl}(n,\mathbb{C})$ と $\mathfrak{sl}(n,\mathbb{R})$ は，次式で与えられる．

$$\mathfrak{sl}(n,\mathbb{C}) = \{X \in \mathfrak{gl}(n,\mathbb{C}) \mid \mathrm{tr}(X) = 0\},$$
$$\mathfrak{sl}(n,\mathbb{R}) = \{X \in \mathfrak{gl}(n,\mathbb{R}) \mid \mathrm{tr}(X) = 0\}.$$

●**証明**　一般に，$X \in M(n,\mathbb{C})$ に対し，

$$\det(e^X) = 1 \qquad \Longleftrightarrow \qquad \mathrm{tr}(X) = 0 \tag{1.20}$$

を示せば良い．X の固有値を $\lambda_1, \cdots, \lambda_n$ とおくと，

$$g^{-1}Xg = \begin{pmatrix} \lambda_1 & & * \\ & \ddots & \\ 0 & & \lambda_n \end{pmatrix} \qquad (\exists g \in GL(n, \mathbb{C})).$$

このとき，

$$\begin{aligned} \det(e^X) &= \det(g^{-1}e^X g) = \det\left(g^{-1}\left(\sum_{j=0}^{\infty} \frac{X^j}{j!}\right)g\right) = \det\left(\sum_{j=0}^{\infty} \frac{(g^{-1}Xg)^j}{j!}\right) \\ &= \det(e^{g^{-1}Xg}) = \det\begin{pmatrix} e^{\lambda_1} & & * \\ & \ddots & \\ 0 & & e^{\lambda_n} \end{pmatrix} \\ &= e^{\lambda_1} \cdots e^{\lambda_n} = e^{\lambda_1 + \cdots + \lambda_n} = e^{\mathrm{tr}(X)}. \end{aligned}$$

よって，(1.20) が示された. Q.E.D.

さて，本書ではここまで，リー環を (1.19) によって定義してきたが，これが環をなすことは自明でない. それは，リー群論によって知られている定理である. 以下にその定理を挙げる. これより，G がある条件を満たせば，$\mathrm{Lie}(G)$ は和とスカラー倍に閉じ，さらに，交換子をとる操作にも閉じていることが保障される.

定理 1.15 線形リー群 G の単位元の近傍 V が存在して，次の三条件を満たすとする.

(1) V の位相は $GL(n, \mathbb{C})$ からの相対位相に等しい.

(2) V を閉部分集合として含む $GL(n, \mathbb{C})$ の単位元の近傍 U が存在する. すなわち，$x_j \in V$ が $j \to \infty$ のとき $y \in U$ に収束すれば $y \in V$ である.

(3) G の連結成分の数は，高々有限個である.

このとき，$\mathfrak{g} = \mathrm{Lie}(G)$ は $M(n, \mathbb{C})$ の $\mathbb{R}$-線形部分空間となり，かつ，$[\mathfrak{g}, \mathfrak{g}] \subset \mathfrak{g}$ である.

証明は，本書では扱わない. リー群論の教科書を参照されたい. たとえば，小林・

大島『リー群と表現論』（岩波書店）の定理 5.23（および定義 5.3）にある.

交換子 $[X,Y]$ が以下の性質を満たすことは，命題 1.14 の中で与えた定義式により，直接容易に計算できる.

命題 1.16　線形リー群 G のリー環 $\mathfrak{g}$ の交換子 $[X,Y]$ は，以下の性質を満たす.

(1) 任意の $X \in \mathfrak{g}$ に対し，$[X,X] = O$.

(2) 任意の $X_i, Y_j \in \mathfrak{g}$ と $a_i, b_j \in \mathbb{R}$ $(i,j \in \{1,2\})$ に対し

$$[a_1X_1 + a_2X_2, b_1Y_1 + b_2Y_2] = \sum_{i=1}^{2}\sum_{j=1}^{2} a_ib_j[X_i,Y_j].$$

(3) （ヤコビ律）任意の $X,Y,Z \in \mathfrak{g}$ に対し，

$$[X,[Y,Z]] + [Y,[Z,X]] + [Z,[X,Y]] = O.$$

一般に，$\mathbb{R}$ 上の線形空間 V 上の線形変換 $X,Y \in \mathrm{End}(V)$ に対しても交換子を $[X,Y] = XY - YX$ で定義すると，上の性質が成り立つ.

そこで，$\mathrm{End}(V)$ に限らず，より一般に，$\mathbb{R}$ 上の線形空間 L があるとき，2 元 $X,Y \in L$ に対して何らかの元 $[X,Y]$ が定義されて命題 1.16 の条件（1）～(3）を満たすとき，L を $\mathbb{R}$ 上のリー環という．同様に，L が $\mathbb{C}$ 上の線形空間であるとき，(2) の条件を $a_i, b_j \in \mathbb{C}$ と修正することにより，$\mathbb{C}$ 上のリー環が定義される.

$\mathbb{R}$ 上（あるいは $\mathbb{C}$ 上）のリー環の実例として，$\mathbb{R}$ 上（あるいは $\mathbb{C}$ 上）の線形空間 V に対する $\mathrm{End}(V)$ において $[X,Y] = XY - YX$ と定めたものが挙げられるが，ここで与えた定義は，より一般に，積 XY が定義されていないような線形空間 L に対しても，そこにしかるべき交換子 $[X,Y]$ が定義され，リー環の構造が入る可能性があるということである.

なお，命題 1.16 の条件（1）より，$[X+Y,X+Y] = O$ であり，一方，(2) より

$$\begin{aligned}[X+Y,X+Y] &= [X,X] + [X,Y] + [Y,X] + [Y,Y] \\ &= [X,Y] + [Y,X]\end{aligned}$$

であるから，(1)(2) を満たせば自動的に $[X,Y]+[Y,X]=O$，すなわち

$$[X,Y]=-[Y,X]$$

が成り立つ．これは「X,Y を入れ替えたら -1 倍になる」という性質（反可換性）を意味している．$L=\mathrm{End}(V)$ の場合の交換子 $[X,Y]=XY-YX$ は，反可換性を持つような最も基本的な因子である．リー環とは，積 XY をいったん忘れ，交換子 $[X,Y]$ の反可換性のみに注目した概念であるともいえる．

1.7 リー環としてのベクトル場

本節では，多様体 M 上のベクトル場の全体からなる集合 $\mathscr{X}(M)$ が，リー環の構造を持つ事実を紹介する．以下，本節で多様体と言えば，C^∞ 多様体を指すものとする．

M を m 次元多様体とし，点 $p\in M$ における局所座標を $(x_1,\cdots,x_m)$ とする．M 上の C^∞ 級関数の偏微分係数を与える写像

$$C^\infty(M)\ni\phi\longmapsto\frac{\partial\phi}{\partial x_i}(p)\in\mathbb{C}\qquad(i=1,\cdots,m)$$

は，線形写像である．これらは局所座標のとり方によっているが，後ほど示すように，これら m 個の線形写像で張られる線形空間は，局所座標のとり方によらない．この線形空間を接空間という．より正確に接空間の定義を述べると以下のようになる．

多様体 M の点 p における**接空間** T_pM とは，$C^\infty(M)$ から $\mathbb{C}$ への $\mathbb{C}$ 線形写像 v で，

(1) 任意の $\phi,\psi\in C^\infty(M)$ に対し $v(\phi\psi)=\phi(p)v(\psi)+\psi(p)v(\phi)$.

(2) $\phi\in C^\infty(M)$ が実数値ならば $v(\phi)\in\mathbb{R}$.

の 2 条件を満たすものの全体のことである．$v\in T_pM$ を，p における M の**接ベクトル**と呼ぶ．

定理 1.17（接空間の偏微分による表示） m 次元多様体 M の点 p における接空間 T_pM は，m 次元線形空間をなし，その基底は，p における任意の局所座標系 $(x_1,\cdots,x_m)$ を用いて

$$\left.\frac{\partial}{\partial x_j}\right|_{x_j=x_j^0} \qquad (j=1,\cdots,m) \tag{1.21}$$

で与えられる．ただし，この局所座標系による点 p の表示を $p=(x_1^0,\cdots,x_m^0)$ とおいた．

●証明　接空間の定義の条件（1）は，ϕ と ψ がともに定数関数 $\mathbf{1}$（恒等的に値 1 をとる関数）であるとき，

$$v(\mathbf{1})=v(\mathbf{1})+v(\mathbf{1})=2v(\mathbf{1})$$

となるので，$v(\mathbf{1})=0$ である．線形性より，v は任意の定数関数を 0 に写す．

次に，任意の $\phi\in C^\infty(M)$ に対し，関数 $\phi(x)-\phi(p)$ は $x=p$ で 0 となるので，変数 x_j に関する，点 x_j^0 のまわりのテイラー展開は 1 次以上の項のみからなる．したがって，ある $\phi_j\in C^\infty(M)$ を用いて

$$\phi(x)-\phi(p)=\sum_{j=1}^m \phi_j(x)(x_j-x_j^0)$$

と表せる．この式の両辺を微分すれば $\phi_j(p)=\dfrac{\partial\phi}{\partial x_j}(p)$ が得られ，また，両辺に v を施せば

$$v(\phi)=\sum_{j=1}^m \phi_j(p)v(x_j)$$

が成り立つ．接空間の定義の条件（2）より，$v(x_j)\in\mathbb{R}$ であるから，$a_j=v(x_j)\in\mathbb{R}$ とおくと，

$$v(\phi)=\sum_{j=1}^m a_j\frac{\partial\phi}{\partial x_j}(p) \tag{1.22}$$

となる．逆に，任意の $a_j\in\mathbb{R}$ に対して，この形の作用素 $v(\phi)$ が，接ベクトルになることは直ちにわかる．以上で，T_pM が線形空間であり，(1.21) が生成系をなすことが示された．

あとは，(1.21) が基底をなすことを示せば，定理の証明を終わる．各 j に対し，p の近傍で x_j^0 に等しいような $C^\infty(M)$ の元が存在する．ϕ として，これらの適当な線形結合をとることにより，$v(\phi_j)=a_j$ となるようにできる．よって，$v\in T_pM$ が

$C^\infty(M)$ の任意の元を $0 \in \mathbb{C}$ に写すとき，$a_j = 0\ (j = 1, 2, \cdots, m)$ が成り立つ．したがって，(1.21) の m 元は 1 次独立であり，(1.21) は T_pM の基底をなす．Q.E.D.

接ベクトルがとる値の集合 $\mathbb{C}$ を $C^\infty(M)$ に拡張すると，接空間をベクトル場という概念に拡張できる．定義は，以下のようになる．

X が M 上の（$\mathbb{C}^\infty$ 級）ベクトル場であるとは，X が $C^\infty(M)$ 上の線形変換で，以下の 2 条件を満たすことである．

(i) 任意の $\phi, \psi \in C^\infty(M)$ に対し，$X(\phi\psi) = \phi X(\psi) + \psi X(\phi)$.

(ii) $\phi \in C^\infty(M)$ が実数値関数ならば，$X(\phi)$ も実数値.

M 上のベクトル場の全体を $\mathscr{X}(M)$ と書く．

関数 ϕ にベクトル場 $X \in \mathscr{X}(M)$ を施し，さらに，一点 $x \in M$ を代入する写像

$$C^\infty(M) \ni \phi \longmapsto X(\phi)(x) \in \mathbb{C}$$

は，各 x を固定するごとに，T_xM の元となる．よって，(1.22) より，

$$X(\phi) = \sum_{j=1}^{m} a_j(x) \frac{\partial \phi}{\partial x_j}.$$

すなわち，

$$X = \sum_{j=1}^{m} a_j(x) \frac{\partial}{\partial x_j} \tag{1.23}$$

と表せる．ただし，(1.22) が $p \in M$ を固定した状況下における結論であり，そこでの $a_j \in \mathbb{C}$ が p によっていたことを踏まえ，ここでは，a_j を $x \in M$ の関数として $a_j(x)$ と記した．$a_j(x)$ は C^∞ 級の実数値関数である．

(1.23) によって，ベクトル場は定数項の無い 1 階線形偏微分作用素とみなせるが，逆に，M の各座標近傍で (1.23) の表示を持つような作用素がベクトル場を定めることも，直ちにわかる．

したがって，$C^\infty(M)$ の元を掛け算作用素とみなして，これらの掛け算作用素全体とベクトル場 $\mathscr{X}(M)$ とで生成される $\mathbb{R}$ 上の多元環を $\mathcal{D}(M)$ とおくと，任意の $P \in \mathcal{D}(M)$ は局所座標を用いて

$$P = \sum_{i_1, \cdots, i_m \geqq 0} a_{i_1, \cdots, i_m}(x) \frac{\partial^{i_1}}{\partial x_1^{i_1}} \cdots \frac{\partial^{i_m}}{\partial x_m^{i_m}}$$

と表示できる．これを**線形偏微分作用素**と呼ぶ．$\mathcal{D}(M)$ は，線形偏微分作用素の全体がなす環である．

$\mathscr{X}(M) \subset \mathrm{End}(C^\infty(M))$ であるから，$X, Y \in \mathscr{X}(M)$ に対し，$\mathrm{End}(C^\infty(M))$ の元として交換子 $[X,Y] = XY - YX$ が定義されるが，実は，これが $\mathscr{X}(M)$ に属すること，すなわち，$\mathscr{X}(M)$ が交換子をとる操作に関して閉じていることが，次の命題よりわかる．

命題 1.18（ベクトル場がリー環をなすこと）　$\mathscr{X}(M)$ はリー環の構造を持つ．すなわち，$X, Y \in \mathscr{X}(M)$ ならば，$[X,Y] \in \mathscr{X}(M)$ が成り立つ．

証明　$\phi, \psi \in C^\infty(M)$ に対し，ベクトル場の定義の条件（1）を用いて計算すると，

$$\begin{aligned} XY(\phi\psi) &= X(\phi Y(\psi) + \psi Y(\phi)) \\ &= X(\phi)Y(\psi) + \phi XY(\psi) + X(\psi)Y(\phi) + \psi XY(\phi). \end{aligned}$$

同様に，

$$YX(\phi\psi) = Y(\phi)X(\psi) + \phi YX(\psi) + Y(\psi)X(\phi) + \psi YX(\phi).$$

以上の 2 式を辺々引くと，

$$(XY - YX)(\phi\psi) = \phi(XY - YX)(\psi) + \psi(XY - YX)(\phi).$$

すなわち，

$$[X,Y](\phi\psi) = \phi[X,Y](\psi) + \psi[X,Y](\phi).$$

よって，$[X,Y] \in \mathscr{X}(M)$.　Q.E.D.

1.8　不変ベクトル場とリー環

リー群 G の元 g に対し，$C^\infty(G)$ 上の左正則表現 $\pi_L(g)$ と右正則表現 $\pi_R(g)$ は，それぞれ，

$$\begin{array}{rccl} \pi_L(g):\ & C^\infty(G) & \longrightarrow & C^\infty(G) \\ & \cup & & \cup \\ & \phi & \longmapsto & \left[\pi_L(g)\phi:\ x \longmapsto \phi(g^{-1}x)\right], \end{array}$$

および

$$\begin{array}{rcl} \pi_R(g): \ C^\infty(G) & \longrightarrow & C^\infty(G) \\ \Psi & & \Psi \\ \phi & \longmapsto & \left[\pi_R(g)\phi: \ x \longmapsto \phi(xg)\right] \end{array}$$

によって定義される．$P \in \mathcal{D}(G)$ が左（あるいは右）不変微分作用素であるとは，任意の $g \in G$ に対して $\pi_L(g) \circ P = P \circ \pi_L(g)$（あるいは $\pi_R(g) \circ P = P \circ \pi_R(g)$）が成り立つことである．とくに $P \in \mathscr{X}(G)$ のとき，左（あるいは右）不変ベクトル場と呼ばれる．左（あるいは右）ベクトル場の全体を，$\mathscr{X}_L(G)$（あるいは $\mathscr{X}_R(G)$）と書く．

実は，これら不変ベクトル場の全体こそが，リー環の正体であるという驚きの事実がある．以下に定理として記す．

定理 1.19（不変ベクトル場とリー環の関係） リー群 G に対し，次の (1)〜(3) が成り立つ．

(1) G の単位元を 1 と書くとき，線形写像

$$\begin{array}{rcl} \iota: \ \mathfrak{g} & \longrightarrow & T_1(G) \\ \Psi & & \Psi \\ X & \longmapsto & \left[\begin{array}{ccc} C^\infty(G) & \longrightarrow & \mathbb{C} \\ f & \longmapsto & \left.\dfrac{d}{dt} f(e^{tX})\right|_{t=0} \end{array}\right] \end{array}$$

は，全単射である．

(2) 対応

$$\begin{array}{rcl} \mathfrak{g} & \longrightarrow & \mathscr{X}_L(G) \\ \Psi & & \Psi \\ X & \longmapsto & \left[\begin{array}{ccc} C^\infty(G) & \longrightarrow & C^\infty(G) \\ f(x) & \longmapsto & \left.\dfrac{d}{dt} f(xe^{tX})\right|_{t=0} \end{array}\right] \end{array}$$

は，リー環の全射同型写像である．

(3) 対応

$$\begin{array}{ccc} \mathfrak{g} & \longrightarrow & \mathscr{X}_R(G) \\ \cup\!\!\!\!\!\shortmid & & \cup\!\!\!\!\!\shortmid \end{array}$$

$$X \longmapsto \begin{bmatrix} C^\infty(G) & \longrightarrow & C^\infty(G) \\ f(x) & \longmapsto & \left.\dfrac{d}{dt}f(e^{-tX}x)\right|_{t=0} \end{bmatrix}$$

は，リー環の全射同型写像である．

証明　(1)　$\iota(X) \in T_1(G)$ となることは，

$$\begin{aligned} \iota(X)(fh) &= \left.\frac{d}{dt}\left(f(xe^{tX})h(xe^{tX})\right)\right|_{t=0} \\ &= \left.\frac{d}{dt}f(xe^{tX})\right|_{t=0} h(1) + f(1)\left.\frac{d}{dt}h(xe^{tX})\right|_{t=0} \\ &= (\iota(X)f)h(1) + f(1)(\iota(X)h) \end{aligned}$$

よりわかる．また，exp と log は，$GL(n,\mathbb{C})$ の単位元 1 の近傍とリー環 $M(n,\mathbb{C})$ の 0 の近傍の間の微分同相写像を与えているので，これは全単射となる．

(2)　はじめに，この対応が 1 対 1 であることを示す．$X \in \mathfrak{g}$ と $f \in C^\infty(G)$ に対し，$\widetilde{X}f \in C^\infty(G)$ を，

$$(\widetilde{X}f)(x) = \left.\frac{d}{dt}f(xe^{tX})\right|_{t=0} \tag{1.24}$$

と定義したとき，$\widetilde{X} \in \mathscr{X}(G)$ となることは (1) と同様である．また，$\widetilde{X} \in \mathscr{X}_L(G)$ となることも，$\widetilde{X}$ の定義から直ちにわかる．

逆に，$\widetilde{X} \in \mathscr{X}_L(G)$ が与えられたとする．$f \in C^\infty(G)$ に対し，$(\widetilde{X}f)(1) \in \mathbb{C}$ を対応させる $C^\infty(G)$ 上の関数

$$C^\infty(G) \ni f \longmapsto (\widetilde{X}f)(1) \in \mathbb{C}$$

は，$1 \in G$ における接ベクトルとなる．これを X_1 と書く．左不変性より，任意の $x_0 \in G$ に対し，

$$\pi_L(x_0^{-1})\widetilde{X}f(x) = \widetilde{X}\pi_L(x_0^{-1})f(x)$$

である．$x=1$ のとき，

$$\widetilde{X}f(x_0)=\widetilde{X}_1(\pi_L(x_0^{-1})f).$$

すなわち，任意の $x\in G$ に対し，

$$\widetilde{X}f(x)=\widetilde{X}_1(\pi_L(x^{-1})f)$$

となる．よって $\widetilde{X}$ は，$\widetilde{X}_1\in T_1G$ によって一意に定まる．ゆえに (1) より，この対応は 1 対 1 である．

次に，リー環としての同型を示す．そのためには，任意の $X,Y\in\mathfrak{g}$ に対し，

$$(\widetilde{[X,Y]}f)(x)=([\widetilde{X},\widetilde{Y}]f)(x) \tag{1.25}$$

が成り立つことを示せば良い．以下，$f(xe^{tX}e^{tY}e^{-tX}e^{-tY})$ のテイラー展開を 2 通りに求めることにより (1.25) を示す．テイラー展開式は

$$\begin{aligned}&f(xe^{t_1X_1}\cdots e^{t_kX_k})\\&=\sum_{i_1=0}^{\infty}\cdots\sum_{i_k=0}^{\infty}\frac{t_1^{i_1}}{i_1!}\cdots\frac{t_k^{i_k}}{i_k!}\frac{\partial^{i_1}}{\partial t_1^{i_1}}\cdots\frac{\partial^{i_k}}{\partial t_k^{i_k}}f(xe^{t_1X_1}\cdots e^{t_kX_k})\Big|_{t_1=\cdots=t_k=0}\end{aligned} \tag{1.26}$$

である．以下，(1.26) の右辺の偏微分を計算する．

$k=1$ のとき，$t_1=t$, $X_1=X$ とおくと，

$$\begin{aligned}(\widetilde{X}f)(xe^{tX})&=\frac{d}{ds}f(xe^{tX}e^{sX})\Big|_{s=0}\\&=\frac{d}{ds}f(xe^{(t+s)X})\Big|_{s=0}=\frac{d}{dt}f(xe^{tX})\end{aligned}$$

となるので，$i=1,2,3,\cdots$ に対し

$$(\widetilde{X}^if)(xe^{tX})=\frac{d^i}{dt^i}f(xe^{tX})$$

が成り立つ．これを $t=t_1,\cdots,t_k$ の k 通りの変数に対して行うことにより，

$$\begin{aligned}(\widetilde{X}_1^{i_1}\cdots\widetilde{X}_k^{i_k}f)(x)&=\frac{\partial^{i_1}}{\partial t_1^{i_1}}(\widetilde{X}_2^{i_2}\cdots\widetilde{X}_k^{i_k}f)(xe^{t_1X_1})\Big|_{t_1=0}\\&=\frac{\partial^{i_1}}{\partial t_1^{i_1}}\frac{\partial^{i_2}}{\partial t_2^{i_2}}(\widetilde{X}_3^{i_3}\cdots\widetilde{X}_k^{i_k}f)(xe^{t_1X_1}e^{t_2X_2})\Big|_{t_1=t_2=0}\end{aligned}$$

$$= \cdots$$
$$= \frac{\partial^{i_1}}{\partial t_1^{i_1}} \cdots \frac{\partial^{i_k}}{\partial t_k^{i_k}} f(xe^{t_1 X_1} \cdots e^{t_k X_k}) \Big|_{t_1 = \cdots = t_k = 0}.$$

これは，(1.26) の偏微分の式に等しいので，(1.26) は，

$$f(xe^{t_1 X_1} \cdots e^{t_k X_k}) = \sum_{i_1=0}^{\infty} \cdots \sum_{i_k=0}^{\infty} \frac{t_1^{i_1}}{i_1!} \cdots \frac{t_k^{i_k}}{i_k!} (\widetilde{X}_1^{i_1} \cdots \widetilde{X}_k^{i_k} f)(x) \tag{1.27}$$

となる．$k = 4$ とし，$t_1 = \cdots = t_4 = t$ かつ $(X_1, X_2, X_3, X_4) = (X, Y, -X, -Y)$ とおけば，

$$\begin{aligned} f(e^{tX} e^{tY} e^{-tX} e^{-tY}) &= \sum_{i_1=0}^{\infty} \cdots \sum_{i_k=0}^{\infty} \frac{t^{i_1 + \cdots + i_k}}{i_1! \cdots i_k!} (\widetilde{X}^{i_1} \widetilde{Y}^{i_2} \widetilde{(-X)}^{i_3} \widetilde{(-Y)}^{i_4} f)(x) \\ &= \sum_{i_1=0}^{\infty} \cdots \sum_{i_k=0}^{\infty} \frac{(-1)^{i_3 + i_4}\ t^{i_1 + \cdots + i_k}}{i_1! \cdots i_k!} (\widetilde{X}^{i_1} \widetilde{Y}^{i_2} \widetilde{X}^{i_3} \widetilde{Y}^{i_4} f)(x). \end{aligned}$$

変数 t に関する定数項は $i_1 = \cdots = i_4 = 0$ の項のみであるから，定数項は $f(x)$ に等しい．t^1 の項は，$(i_1, i_2, i_3, i_4) = (1,0,0,0), (0,1,0,0)$ の項と $(i_1, i_2, i_3, i_4) = (0,0,1,0), (0,0,0,1)$ の項とが打ち消し合うので，0 になる．t^2 の項は，まず，$\widetilde{X}^2 f$ の項が $(i_1, i_2, i_3, i_4) = (2,0,0,0), (0,0,2,0), (1,0,1,0)$ の 3 項であり，係数の和は $\frac{1}{2} + \frac{1}{2} - 1 = 0$．同様に $\widetilde{Y}^2 f$ の項も 0 となる．次に，$\widetilde{X}\widetilde{Y} f$ の項は，$(i_1, i_2, i_3, i_4) = (1,1,0,0), (0,0,1,1), (1,0,0,1)$ の 3 項であり，係数の和は $1 + 1 - 1 = 1$．最後に，$\widetilde{Y}\widetilde{X} f$ の項は，$(i_1, i_2, i_3, i_4) = (0,1,1,0)$ の 1 項であり，係数は -1 である．以上より，

$$f(e^{tX} e^{tY} e^{-tX} e^{-tY}) = f(x) + t^2 (\widetilde{X}\widetilde{Y} - \widetilde{Y}\widetilde{X}) f(x) + O(t^3)$$

が成り立つ．

次に，命題 1.14 (3)，すなわち，$e^{tX} e^{tY} e^{-tX} e^{-tY} = \exp(t^2 [X, Y] + O(t^3))$ を用いて，

$$f(xe^{tX} e^{tY} e^{-tX} e^{-tY}) = f(x \exp(t^2 [X, Y] + O(t^3)))$$

のテイラー展開の別の表示を求める．右辺を $s = t^2$ に関してテイラー展開すると，定数項は $f(x)$ であり，s の係数は，

$$\frac{d}{ds}f\left(x\exp\left(s[X,Y]+O(s^{3/2})\right)\right)\Big|_{s=0}=\left(\widetilde{[X,Y]}f\right)(x).$$

よって，

$$f(xe^{tX}e^{tY}e^{-tX}e^{-tY})=f(x)+t^2\left(\widetilde{[X,Y]}f\right)(x)+O(t^3).$$

以上の二つの表示における t^2 の項を比較して，

$$\widetilde{X}\widetilde{Y}-\widetilde{Y}\widetilde{X}=\widetilde{[X,Y]}$$

を得る．　Q.E.D.

1.9　不変微分作用素と普遍包絡環

リー群 G の左不変微分作用素の集合を $\mathbb{D}_L(G)$ とおく．$\mathbb{D}_L(G)$ は，和とスカラー倍を自然に定義でき線形空間となり，さらに写像の合成によって積を定義すると，$\mathbb{R}$ 上の多元環となる．$\mathscr{X}_L(G)$ の元は $\mathbb{D}_L(G)$ に属しているが，実は，次の定理でみるように，$\mathbb{D}_L(G)$ は $\mathscr{X}_L(G)$ によって生成される．

定理 1.20　線形空間 $\mathscr{X}_L(G)\cong\mathfrak{g}$ の一組の基底が，$X_j\in\mathfrak{g}$ $(j=1,2,\cdots,m)$ を用いて $\{X_j\mid j=1,2,\cdots,m\}$ と表されたとする．このとき，

$$\{X_1^{i_1}\cdots X_m^{i_m}\mid i_1,\cdots,i_m\geqq 0\}$$

は，線形空間 $\mathbb{D}_L(G)$ の基底をなす．

証明　定理 1.19 (2) によって $\mathfrak{g}$ と $\mathscr{X}_L(G)$ を同一視する．すなわち，定理 1.19 (2) の証明で用いた $\widetilde{X}$ を単に X と略記し，$X\in\mathfrak{g}$ の $C^\infty(G)$ への作用を

$$(Xf)(x)=\frac{d}{dt}f(xe^{tX})\Big|_{t=0}$$

と定義し，これによって $X\in\mathscr{X}_L(G)\subset\mathbb{D}_L(G)$ とみなす．

まず，$X_1^{i_1}\cdots X_m^{i_m}$ $(i_1,\cdots,i_m\geqq 0)$ が一次独立であることを示す．(1.27) は $x=1$ において

$$f(e^{t_1X_1}\cdots e^{t_mX_m})=\sum_{i_1=0}^{\infty}\cdots\sum_{i_m=0}^{\infty}\frac{t_1^{i_1}}{i_1!}\cdots\frac{t_m^{i_m}}{i_m!}(X_1^{i_1}\cdots X_m^{i_m}f)(1)$$

となり，$X_1^{i_1}\cdots X_m^{i_m}$ は，テイラー展開の一般項の係数の形と一致する．よって，テイラー展開の理論により，それらは一次独立である．

次に，$X_1^{i_1}\cdots X_m^{i_m}$ が $\mathbb{D}_L(G)$ を生成することを示す．単位元 $1\in G$ においては上のテイラー展開式が成り立つから，任意の $D\in\mathbb{D}_L(G)$ に対してある $\widetilde{D}$ という $X_1^{i_1}\cdots X_m^{i_m}$ の一次結合が存在して，任意の $f\in C^\infty(G)$ に対し

$$(Df)(1)=(\widetilde{D}f)(1)$$

が成り立っている．ここで左不変性により，任意の $x\in G$ に対し

$$\begin{aligned}(Df)(x)&=(\pi_L(x^{-1})Df)(1)\\&=(D\pi_L(x^{-1})f)(1)\\&=(\widetilde{D}\pi_L(x^{-1})f)(1)\\&=(\pi_L(x^{-1})\widetilde{D}f)(1)\\&=(\widetilde{D}f)(x)\end{aligned}$$

となるので，$D=\widetilde{D}$ が成り立つ．よって，すべての主張が証明された．　Q.E.D.

$\mathfrak{g}$ の基底 $\{X_1,\cdots,X_m\}$ を掛け合わせて $\mathbb{D}_L(G)$ の基底を作るとき，掛ける順序によって異なる基底を得るが，次の定理は，その差異の影響が，指数の和 $i_1+\cdots+i_m$ に関しては小さいことを示している．

定理 1.21　$\{X_j\mid j=1,2,\cdots,m\}$ を線形空間 $\mathfrak{g}$ の基底とし，自然数 k に対し，

$$\mathbb{D}_L(G)^{(k)}=\sum_{i_1+\cdots+i_m\leqq k}\mathbb{R}X_1^{i_1}\cdots X_m^{i_m}$$

とおくとき，任意の $Y_1,\cdots,Y_k\in\mathfrak{g}$ に対し，$Y_1\cdots Y_k\in\mathbb{D}_L(G)^{(k)}$ である．

証明　$k=1$ のとき，結論は自明であるので，以下，$k-1$ のときに成り立つと仮定して k のときに成り立つことを示す．仮定より $Y_1\cdots Y_{k-1}\in\mathbb{D}_L(G)^{(k-1)}$ であるから，基底をなす元である場合，すなわち $Y_1\cdots Y_{k-1}=X_1^{i_1}\cdots X_m^{i_m}$ $(i_1+\cdots i_m=k-1)$ の場合に示せば良い．また，ある $l=1,\cdots,m$ に対して $Y_k=X_l$ となる場合に示せば十分である．このとき，

$$
\begin{aligned}
(Y_1 \cdots Y_{k-1})Y_k &= X_1^{i_1} \cdots X_m^{i_m} X_l \\
&= X_1^{i_1} \cdots X_{l-1}^{i_{l-1}} X_l^{i_l+1} X_{l+1}^{i_{l+1}} \cdots X_m^{i_m} \\
&\qquad + \sum_{j=l+1}^{m} \sum_{\nu=0}^{i_j-1} X_1^{i_1} \cdots X_{j-1}^{i_{j-1}} [X_j, X_l] X_j^{i_j-\nu-1} X_{j+1}^{i_{j+1}} \cdots X_m^{i_m}
\end{aligned}
$$

となるので，これは $\mathbb{D}_L(G)^{(k)}$ に属する． Q.E.D.

この定理は，$\mathfrak{g}$ の基底を掛け合わせて $\mathbb{D}_L(G)$ の基底を作るときの掛け合わせる順序や，$\mathfrak{g}$ の一般元の積を基底の一次結合で表すときの積の順序に関わらず，基底の指数の和である k の値が一定であることを主張している．$\mathfrak{g}$ は非可換であるが，交換子を経由することで，非可換性の影響をある程度制御できるのである．

$\mathscr{X}_L(G)$ は $\mathbb{D}_L(G)$ を生成するので，同型対応 $\mathscr{X}_L(G) \cong \mathfrak{g}$ を拡張することで，$\mathbb{D}_L(G)$ に同型な空間で $\mathfrak{g}$ を含むものが得られるはずである．それが，以下に述べる普遍包絡環 $U(\mathfrak{g})$ である．

普遍包絡環の定義に必要な用語を導入する．2 つの $\mathbb{R}$ 加群 M, N があるとき，M と N のテンソル積とは，直積集合 $M \times N$ を基とする自由アーベル群 F を，

$$
\begin{aligned}
&(x_1 + x_2,\, y) - (x_1,\, y) - (x_2,\, y), \\
&(x,\, y_1 + y_2) - (x,\, y_1) - (x,\, y_2), \\
&(ax,\, y) - (x,\, ay)
\end{aligned}
$$

（ただし，$x_1, x_2, x \in M$, $y_1, y_2, y \in N$, $a \in \mathbb{R}$）の形の元全体で生成された部分加群 R で割った剰余加群 F/R のことである．これを記号 $M \otimes N$ で表す．すなわち

$$
M \otimes N = F/R \tag{1.28}
$$

である．

リー環 $\mathfrak{g}$ は $\mathbb{R}$ 上の加群であり，$M = N = \mathfrak{g}$ のときにテンソル積 $\mathfrak{g} \otimes \mathfrak{g}$ が定義される．テンソル積を繰り返しとることにより，一般に k 個のテンソル積 $\underbrace{\mathfrak{g} \otimes \cdots \otimes \mathfrak{g}}_{k}$ も定義される．ここで，

$$
\widetilde{\mathfrak{g}} = \bigoplus_{k=0}^{\infty} \underbrace{\mathfrak{g} \otimes \cdots \otimes \mathfrak{g}}_{k}
$$

とおくと，$\widetilde{\mathfrak{g}}$ は多元環となる．このときの積は「並べてテンソル積をとる操作」で定義されることに注意せよ．すなわち，$\widetilde{\mathfrak{g}}$ における積「$\cdot$」は，

$$(X_1 \otimes \cdots \otimes X_n) \cdot (Y_1 \otimes \cdots \otimes Y_m) = X_1 \otimes \cdots \otimes X_n \otimes Y_1 \otimes \cdots \otimes Y_m$$

である．とくに，$m = n = 1$ のとき，$X_1 = X, Y_1 = Y \in \mathfrak{g} \subset \widetilde{\mathfrak{g}}$ に対し，

$$X \cdot Y = X \otimes Y$$

である．これは行列の積とは異なるので，$X \cdot Y \neq XY$ である．今後，$\widetilde{\mathfrak{g}}$ における積の記号（$\cdot$ あるいは $\otimes$）をしばしば省略し，単に XY などと書くが，その場合は行列の積を表していないことに注意されたい．この文脈で，我々は $\widetilde{\mathfrak{g}}$ を $\mathbb{R}$ 加群とみている（$\mathbb{R}$ 多元環ではない）ので，$X, Y \in \mathfrak{g}$ に対し，行列の積 XY が単独で登場することはない．ただ，$[X, Y] = XY - YX$ が登場することはあり，この式の右辺に現れる XY, YX は行列の積であるが，以下に定義する普遍包絡環 $U(\mathfrak{g})$ においては，$[X, Y]$ の定義式は $X \otimes Y - Y \otimes X$ と同一視される．したがって，普遍包絡環 $U(\mathfrak{g})$ の元を扱う上では，すべての積は，テンソル積の記号が省略されたものとみなして差し支えない．

$\widetilde{\mathfrak{g}}$ の両側イデアル $\widetilde{\mathfrak{g}}_0$ を，生成元を用いて

$$\widetilde{\mathfrak{g}}_0 = \langle X \otimes Y - Y \otimes X - [X, Y] \mid X, Y \in \mathfrak{g} \rangle$$

と定義する．すなわち，

$$\widetilde{\mathfrak{g}}_0 = \{A(X \otimes Y - Y \otimes X - [X, Y])B \mid X, Y \in \mathfrak{g},\ A, B \in U(\mathfrak{g})\}$$

である．商空間 $U(\mathfrak{g}) = \widetilde{\mathfrak{g}}/\widetilde{\mathfrak{g}}_0$ は $\mathbb{R}$ 上の多元環となる．これを**普遍包絡環**という．

定理 1.22　$\mathbb{R}$ 上の多元環として，$U(\mathfrak{g})$ と $\mathbb{D}_L(G)$ は同型である．

証明　定理 1.19 (3) で与えた全射同型写像を π_0 とおくと，$X_1, X_2 \in \mathfrak{g}$ に対し，$\pi(X_1 \otimes X_2) := \pi_0(X_1)\pi_0(X_2)$ とおくことにより，π_0 を $\mathfrak{g}$ のテンソル代数 $\widetilde{\mathfrak{g}}$ 上に拡張した写像 $\pi : \widetilde{g} \longrightarrow \mathbb{D}_L(G)$ が得られる．π は多元環の全射準同型である．$\widetilde{\mathfrak{g}}_0 \subset \mathrm{Ker}\pi$ であるから，π より全射準同型 $\overline{\pi}$: $U(\mathfrak{g}) \longrightarrow D_L(G)$ を得る．

あとは，$\overline{\pi}$ が単射であることを示せば良い．線形空間 $\mathfrak{g}$ の基底を $X_1, \cdots, X_m$ とするとき，$U(\mathfrak{g})$ は線形空間として

$$\underbrace{X_1 \otimes \cdots \otimes X_1}_{i_1} \otimes \underbrace{X_2 \otimes \cdots \otimes X_2}_{i_2} \otimes \cdots \otimes \underbrace{X_m \otimes \cdots \otimes X_m}_{i_m}$$

（この式は，定理の前に述べた通りにテンソル積の記号を略記すれば $X_1^{i_1} \cdots X_m^{i_m}$ となる）で生成されることが，定理 1.20 の証明と同様に示せる．よって，定理 1.19 の結果から $\overline{\pi}$ は単射となる． Q.E.D.

1.10 カシミール元

本節では，リー環の普遍包絡環の中心元であるカシミール作用素を定義する．その形を $\mathfrak{g} = \mathfrak{sl}(2, \mathbb{R})$ に対して具体的に求めることにより，上半平面 H 上のラプラシアンの定義に至る．

リー環 $\mathfrak{g}$ の随伴表現を，

$$\begin{array}{rccc} \mathrm{ad}: & \mathfrak{g} & \longrightarrow & \mathfrak{gl}(\mathfrak{g}) \\ & \cup\!\!\!\!\!\shortmid & & \cup\!\!\!\!\!\shortmid \\ & X & \longmapsto & \Big[Y \mapsto [X, Y]\Big] \end{array}$$

と定義する．これを用いて定義される $\mathfrak{g}$ の双線形形式

$$\begin{array}{rccc} B: & \mathfrak{g} \times \mathfrak{g} & \longrightarrow & \mathbb{R} \\ & \cup\!\!\!\!\!\shortmid & & \cup\!\!\!\!\!\shortmid \\ & (X, Y) & \longmapsto & \mathrm{tr}(\mathrm{ad}(X)\mathrm{ad}(Y)) \end{array}$$

を，キリング形式という．キリング形式は次の性質を持つ．

命題 1.23（キリング形式の性質） 任意の $X, Y, Z \in \mathfrak{g}$ に対し，次の各性質が成り立つ．

(1) （対称性）$B(X, Y) = B(Y, X)$.

(2) （$\mathfrak{g}$ 不変性）$B(\mathrm{ad}(X)Y, Z) = -B(Y, \mathrm{ad}(X)Z)$.

証明 (1) $B(X, Y) = \mathrm{tr}(\mathrm{ad}(X)\mathrm{ad}(Y)) = \mathrm{tr}(\mathrm{ad}(Y)\mathrm{ad}(X)) = B(Y, X)$.

(2)
$$\begin{aligned} B(\mathrm{ad}(X)Y, Z) &= B([X, Y], Z) \\ &= \mathrm{tr}(\mathrm{ad}([X, Y])\mathrm{ad}(Z)) \end{aligned}$$

$$
\begin{aligned}
&= \operatorname{tr}(\operatorname{ad}(XY - YX)\operatorname{ad}(Z)) \\
&= \operatorname{tr}(\operatorname{ad}(X)\operatorname{ad}(Y)\operatorname{ad}(Z) - \operatorname{ad}(Y)\operatorname{ad}(X)\operatorname{ad}(Z)) \\
&= \operatorname{tr}(\operatorname{ad}(Y)\operatorname{ad}(Z)\operatorname{ad}(X) - \operatorname{ad}(Y)\operatorname{ad}(X)\operatorname{ad}(Z)) \\
&= \operatorname{tr}(\operatorname{ad}(Y)(\operatorname{ad}(Z)\operatorname{ad}(X) - \operatorname{ad}(X)\operatorname{ad}(Z))) \\
&= \operatorname{tr}(\operatorname{ad}(Y)\operatorname{ad}(ZX - XZ)) \\
&= -\operatorname{tr}(\operatorname{ad}(Y)\operatorname{ad}([X, Z])) \\
&= -B(Y, [X, Z]) = -B(Y, \operatorname{ad}(X)Z).
\end{aligned}
$$

Q.E.D.

キリング形式が非退化であるとき，$\mathfrak{g}$ を半単純であるという．以下，$\mathfrak{g}$ を半単純リー環とし，$\mathfrak{g}$ の線形空間としての一組の基底を $X_1, \cdots, X_m$ とおく．キリング形式に関する**双対基底** $X^{(1)}, \cdots, X^{(m)}$ を，クロネッカーの δ を用いて

$$B(X_k, X^{(j)}) = \delta_{k,j} \tag{1.29}$$

と定義する．リー環 $\mathfrak{g}$ の**カシミール元**を，普遍包絡環 $U(\mathfrak{g})$ の元

$$C = \sum_{k=1}^{m} X^{(k)} \otimes X_k$$

と定義する．前節で述べたように，テンソル記号を略記して

$$C = \sum_{k=1}^{m} X^{(k)} X_k$$

と書くこともある．この定義では，C は表面上，基底 X_k のとり方によっているが，実はとり方によらないことが，以下の命題でわかる．

命題 1.24（カシミール元の性質 1）　$C \in U(\mathfrak{g})$ は基底 $\{X_j\}$ のとり方によらない．

証明　二組の基底 $\{X_j\}$，$\{Y_j\}$ に対し

$$\sum_{k=1}^{m} X^{(k)} X_k = \sum_{k=1}^{m} Y^{(k)} Y_k$$

が成り立つことを示せば良い．

$\dim \mathfrak{g} = m$ とおくとき，基底 $\{Y_k\}$，$\{Y^{(k)}\}$ がそれぞれ基底 $\{X_j\}$，$\{X^{(j)}\}$ の一次結合として

$$Y_k = \sum_{l=1}^{m} a_{k,l} X_l, \qquad Y^{(k)} = \sum_{r=1}^{m} b_{r,k} X^{(r)}$$

と表されたとする．双対基底の定義より，

$$\begin{aligned}\delta_{j,k} &= B(Y_j, Y^{(k)}) \\ &= B\left(\sum_{l=1}^{m} a_{j,l} X_l, \sum_{r=1}^{m} b_{r,k} X^{(r)}\right) \\ &= \sum_{l=1}^{m}\sum_{r=1}^{m} a_{j,l} b_{r,k} B(X_l, X^{(r)}) \\ &= \sum_{l=1}^{m} a_{j,l} b_{l,k}.\end{aligned}$$

これは，(j,k) 成分が $a_{j,k}$ で定義される m 次行列 A と，$b_{j,k}$ で定義される m 次行列 B の積 AB が単位行列に等しいこと，すなわち，A, B が互いに逆行列の関係にあることを示している．したがって，積 BA の (r,l) 成分は，

$$\sum_{k=1}^{m} b_{r,k} a_{k,l} = \delta_{r,l} \tag{1.30}$$

を満たす．これより，

$$\begin{aligned}\sum_{k=1}^{m} Y^{(k)} Y_k &= \sum_{k=1}^{m}\left(\sum_{r=1}^{m} b_{r,k} X^{(r)}\right)\left(\sum_{l=1}^{m} a_{k,l} X_l\right) \\ &= \sum_{r=1}^{m}\sum_{l=1}^{m}\left(\sum_{k=1}^{m} b_{r,k} a_{k,l}\right) X^{(r)} X_l \\ &= \sum_{r=1}^{m}\sum_{l=1}^{m} \delta_{r,l} X^{(r)} X_l \\ &= \sum_{l=1}^{m} X^{(l)} X_l.\end{aligned}$$

Q.E.D.

カシミール元 C が普遍包絡環 $U(\mathfrak{g})$ の中心に属することは，セルバーグ理論の根幹をなす重要な事実である．次の定理でこの事実を証明するが，それに必要な概念をここで導入する．$\mathfrak{g}$ の一組の基底を X_j $(j = 1, \cdots, m,\ m = \dim \mathfrak{g})$ とするとき，ブラケット積 $[X_j, X_k]$ を基底の一次結合に展開したときの係数を $c_{j,k}^{(l)}$ $(l = 1, 2, 3, \cdots, m)$ とおく．すなわち，

$$[X_j, X_k] = \sum_{l=1}^{m} c_{j,k}^{(l)} X_l$$

である．この定数 $c_{j,k}^{(l)}$ を $\mathfrak{g}$ の構造定数と呼ぶ．構造定数は，基底のとり方による．

定理 1.25（カシミール元の性質 2）　リー環 $\mathfrak{g}$ が半単純であるとする．このとき，$C \in U(\mathfrak{g})$ は普遍包絡環 $U(\mathfrak{g})$ の中心に属する．すなわち，任意の $A \in U(\mathfrak{g})$ に対し，$[A, C] = 0$ である．

証明　$\mathfrak{g}$ の一組の基底を X_j $(j = 1, \cdots, m,\ m = \dim \mathfrak{g})$ とする．A を基底の一次結合に分解すれば，$A = X_a$ $(a = 1, \cdots, m)$ のときに示せば十分であることがわかる．

はじめに，準備として，$[X_a, X^{(j)}]$ を構造定数を用いて記述しておく．キリング形式の $\mathfrak{g}$ 不変性により，

$$\begin{aligned} B(X_k, [X_a, X^{(j)}]) &= -B([X_a, X_k], X^{(j)}) \\ &= -B\left(\sum_{l=1}^{m} c_{a,k}^{(l)} X_l, X^{(j)}\right) \\ &= -c_{a,k}^{(j)} \\ &= -B\left(X_k, \sum_{l=1}^{m} c_{a,l}^{(j)} X^{(l)}\right). \end{aligned}$$

仮定よりキリング形式は非退化であるから，これより，

$$[X_a, X^{(j)}] = -\sum_{l=1}^{m} c_{a,l}^{(j)} X^{(l)}.$$

この結論を用いると，次のように計算できる．

$$\begin{aligned} [X_a, C] &= X_a C - C X_a \\ &= X_a \left(\sum_{k=1}^{m} X^{(k)} X_k\right) - \left(\sum_{k=1}^{m} X^{(k)} X_k\right) X_a \\ &= \sum_{k=1}^{m} \left(X_a X^{(k)} X_k - X^{(k)} X_k X_a\right) \\ &= \sum_{k=1}^{m} \left((X_a X^{(k)} - X^{(k)} X_a) X_k + X^{(k)}(X_a X_k - X_k X_a)\right) \\ &= \sum_{k=1}^{m} \left([X_a, X^{(k)}] X_k + X^{(k)} [X_a, X_k]\right) \end{aligned}$$

$$= \sum_{k=1}^{m} \left(-\sum_{l=1}^{m} c_{a,l}^{(k)} X^{(l)} X_k + X^{(k)} \sum_{l=1}^{m} c_{a,k}^{(l)} X_l \right)$$
$$= \sum_{k=1}^{m} \sum_{l=1}^{m} \left(-c_{a,l}^{(k)} X^{(l)} X_k + c_{a,k}^{(l)} X^{(k)} X_l \right).$$

この和は，k, l が同じ範囲ですべての組合せをわたるので，第一項の k と l を入れ替えても，和の値は変わらない．すると第一項は第二項と打ち消し合い，和は 0 となる．

Q.E.D.

[例 3]　例 2 より，$\mathfrak{g} = \mathfrak{sl}(2, \mathbb{R})$ の基底を

$$X_1 = \begin{pmatrix} 1 & 0 \\ 0 & -1 \end{pmatrix},\ X_2 = \begin{pmatrix} 0 & 1 \\ 0 & 0 \end{pmatrix},\ X_3 = \begin{pmatrix} 0 & 0 \\ 1 & 0 \end{pmatrix}$$

とおくとき，カシミール元は，次式で与えられる．

$$C = \frac{1}{8}(X_1^2 + 2X_2X_3 + 2X_3X_2).$$

証明　ブラケット積を計算すると，次のようになる．

$$\begin{aligned} &[X_1, X_1] = O, && [X_1, X_2] = 2X_2, && [X_1, X_3] = -2X_3 \\ &[X_2, X_1] = -2X_2, && [X_2, X_2] = O, && [X_2, X_3] = X_1 \\ &[X_3, X_1] = 2X_3, && [X_3, X_2] = -X_1, && [X_3, X_3] = O. \end{aligned}$$

これより，$\mathrm{ad}(X_j)$ をこの基底に関する表現行列で表すと，

$$\mathrm{ad}(X_1) = \begin{pmatrix} 0 & 0 & 0 \\ 0 & 2 & 0 \\ 0 & 0 & -2 \end{pmatrix},\quad \mathrm{ad}(X_2) = \begin{pmatrix} 0 & 0 & 1 \\ -2 & 0 & 0 \\ 0 & 0 & 0 \end{pmatrix},\quad \mathrm{ad}(X_3) = \begin{pmatrix} 0 & -1 & 0 \\ 0 & 0 & 0 \\ 2 & 0 & 0 \end{pmatrix}.$$

よって，基底の各元に対するキリング形式は，

$$B(X_1, X_1) = \mathrm{tr}(\mathrm{ad}(X_1)^2) = \mathrm{tr}\left(\begin{pmatrix} 0 & 0 & 0 \\ 0 & 2 & 0 \\ 0 & 0 & -2 \end{pmatrix}^2 \right) = 8,$$

$$B(X_1, X_2) = \mathrm{tr}(\mathrm{ad}(X_1)\mathrm{ad}(X_2)) = \mathrm{tr}\left(\begin{pmatrix} 0 & 0 & 0 \\ 0 & 2 & 0 \\ 0 & 0 & -2 \end{pmatrix} \begin{pmatrix} 0 & 0 & 1 \\ -2 & 0 & 0 \\ 0 & 0 & 0 \end{pmatrix} \right) = 0,$$

$$B(X_1,X_3)=\mathrm{tr}(\mathrm{ad}(X_1)\mathrm{ad}(X_3))=\mathrm{tr}\left(\begin{pmatrix}0&0&0\\0&2&0\\0&0&-2\end{pmatrix}\begin{pmatrix}0&-1&0\\0&0&0\\2&0&0\end{pmatrix}\right)=0,$$

$$B(X_2,X_2)=\mathrm{tr}(\mathrm{ad}(X_2)^2)=\mathrm{tr}\left(\begin{pmatrix}0&0&1\\-2&0&0\\0&0&0\end{pmatrix}^2\right)=0,$$

$$B(X_2,X_3)=\mathrm{tr}(\mathrm{ad}(X_2)\mathrm{ad}(X_3))=\mathrm{tr}\left(\begin{pmatrix}0&0&1\\-2&0&0\\0&0&0\end{pmatrix}\begin{pmatrix}0&-1&0\\0&0&0\\2&0&0\end{pmatrix}\right)=4,$$

$$B(X_3,X_3)=\mathrm{tr}(\mathrm{ad}(X_3)^2)=\mathrm{tr}\left(\begin{pmatrix}0&-1&0\\0&0&0\\2&0&0\end{pmatrix}^2\right)=0$$

となり，対称性より $B(X_2,X_1)=B(X_3,X_1)=0$, $B(X_3,X_2)=4$ となる．

したがって，$\mathfrak{g}$ の一般元 $X=aX_1+bX_2+cX_3$ に対し，

$$B(X_1,X)=8a,\qquad B(X_2,X)=4c,\qquad B(X_3,X)=4b$$

であるので，双対基底は，

$$X^{(1)}=\frac{1}{8}X_1,\qquad X^{(2)}=\frac{1}{4}X_3,\qquad X^{(3)}=\frac{1}{4}X_2$$

で与えられる．この結果をカシミール元の定義式に当てはめれば，結論を得る．

Q.E.D.

1.11　ラプラシアンの計算

本節では，(1.11) で天下りに与えた，複素上半平面

$$H=\{x+iy\mid x\in\mathbb{R},\ y>0\}$$

のラプラシアン

$$\Delta=y^2\left(\frac{\partial^2}{\partial x^2}+\frac{\partial^2}{\partial y^2}\right)$$

が，例 3 で求めた $\mathfrak{g}=\mathfrak{sl}(2,\mathbb{R})$ のカシミール元 C の定数倍であることを示す．そのために，C を具体的に計算する．

カシミール元は，定理 1.22 によって，$G=SL(2,\mathbb{R})$ 上の左不変微分作用素とみ

なすことができる.

一方，G の岩澤分解(1.10)を通して，H を等質空間とみなす方法を定理 1.4 およびその周辺で学び，$g \in G$ と $x + iy \in H$ $(y > 0)$ との対応が

$$gK = naK, \qquad n = \begin{pmatrix} 1 & x \\ 0 & 1 \end{pmatrix}, \qquad a = \begin{pmatrix} \sqrt{y} & 0 \\ 0 & \sqrt{y}^{-1} \end{pmatrix} \tag{1.31}$$

と付いていた.

そこで，G 上の左不変微分作用素である C を，H の座標 x, y によって記述したものが，(1.11)で与えた Δ の定数倍となる．以上が本節の大まかな方針となる.

はじめに，記号を設定する．G 上の微分作用素が作用する対象として，

$$C^\infty(G/K) = \{f \in C^\infty(G) \mid f(g) = f(gk)\ (\forall g \in G,\ \forall k \in K)\}$$

をとり，$f \in C^\infty(G/K)$ と(1.31)の $g = na$ に対して 2 変数関数 $F_f(x, y)$ を

$$F_f(x, y) = f(na) = f\left(\frac{1}{\sqrt{y}}\begin{pmatrix} y & x \\ 0 & 1 \end{pmatrix}\right)$$

と定義する.

定理 1.19 で得たように，$X \in \mathfrak{g}$ の $C^\infty(G)$ への作用を

$$(Xf)(g) = \frac{d}{dt} f(ge^{tX})\bigg|_{t=0} \tag{1.32}$$

と定義し，これによって $X \in \mathscr{X}_L(G) \subset \mathbb{D}_L(G)$ とみなす.

例 3 の X_j $(j = 1, 2, 3)$ に対して，e^{tX} は

$$e^{tX_1} = \begin{pmatrix} e^t & 0 \\ 0 & e^{-t} \end{pmatrix}, \qquad e^{tX_2} = \begin{pmatrix} 1 & t \\ 0 & 1 \end{pmatrix}, \qquad e^{tX_3} = \begin{pmatrix} 1 & 0 \\ t & 1 \end{pmatrix} \tag{1.33}$$

となる．以下，$(X_j f)(na)$ $(j = 1, 2, 3)$ を，2 変数関数 $F_f(x, y)$ の偏導関数として記述し，例 3 で与えた C の各項を求めていく.

補題 1.26 $X_1 = \begin{pmatrix} 1 & 0 \\ 0 & -1 \end{pmatrix}$ に対し，

$$(X_1 f)\left(\frac{1}{\sqrt{y}}\begin{pmatrix} y & x \\ 0 & 1 \end{pmatrix}\right) = 2y \frac{\partial}{\partial y} F_f(x, y).$$

証明　(1.33) より,

$$
\begin{aligned}
(X_1 f)(g) &= \frac{d}{dt} f\left(\frac{1}{\sqrt{y}}\begin{pmatrix} y & x \\ 0 & 1 \end{pmatrix}\begin{pmatrix} e^t & 0 \\ 0 & e^{-t} \end{pmatrix}\right)\Bigg|_{t=0} \\
&= \frac{d}{dt} f\left(\frac{1}{\sqrt{ye^{2t}}}\begin{pmatrix} ye^{2t} & x \\ 0 & 1 \end{pmatrix}\right)\Bigg|_{t=0} \\
&= \frac{d}{dt} F_f\left(x, ye^{2t}\right)\Big|_{t=0} \\
&= \left(\frac{d}{dt}(ye^{2t})\right)\frac{\partial}{\partial(ye^{2t})} F_f(x, ye^{2t})\Big|_{t=0} \\
&= 2y\frac{\partial}{\partial y} F_f(x,y).
\end{aligned}
$$

Q.E.D.

補題 1.27　$X_2 = \begin{pmatrix} 0 & 1 \\ 0 & 0 \end{pmatrix}$ に対し,

$$
(X_2 f)\left(\frac{1}{\sqrt{y}}\begin{pmatrix} y & x \\ 0 & 1 \end{pmatrix}\right) = y\frac{\partial}{\partial x} F_f(x,y).
$$

証明　(1.33) より,

$$
\begin{aligned}
(X_2 f)(g) &= \frac{d}{dt} f\left(\frac{1}{\sqrt{y}}\begin{pmatrix} y & x \\ 0 & 1 \end{pmatrix}\begin{pmatrix} 1 & t \\ 0 & 1 \end{pmatrix}\right)\Bigg|_{t=0} \\
&= \frac{d}{dt} f\left(\frac{1}{\sqrt{y}}\begin{pmatrix} y & x+ty \\ 0 & 1 \end{pmatrix}\right)\Bigg|_{t=0} \\
&= \frac{d}{dt} F_f(x+ty, y)\Big|_{t=0} \\
&= y\frac{\partial}{\partial x} F_f(x,y).
\end{aligned}
$$

Q.E.D.

補題 1.28　$X_3 = \begin{pmatrix} 0 & 0 \\ 1 & 0 \end{pmatrix}$ に対し,

$$
(X_3 f)\left(\frac{1}{\sqrt{y}}\begin{pmatrix} y & x \\ 0 & 1 \end{pmatrix}\right) = y\frac{\partial}{\partial x} F_f(x,y).
$$

証明　岩澤分解の K 成分を 1（単位元）に揃えるため, f の右 K 不変性を利用

して $k = \frac{1}{\sqrt{1+t^2}}\begin{pmatrix} 1 & t \\ -t & 1 \end{pmatrix} \in K$ を右から掛けて計算する．(1.33) より，

$$
\begin{aligned}
(X_3 f)(g) &= \frac{d}{dt} f\left(\frac{1}{\sqrt{y}} \begin{pmatrix} y & x \\ 0 & 1 \end{pmatrix} \begin{pmatrix} 1 & 0 \\ t & 1 \end{pmatrix} \right) \Bigg|_{t=0} \\
&= \frac{d}{dt} f\left(\frac{1}{\sqrt{y}} \begin{pmatrix} y & x \\ 0 & 1 \end{pmatrix} \begin{pmatrix} 1 & 0 \\ t & 1 \end{pmatrix} \cdot \frac{1}{\sqrt{1+t^2}} \begin{pmatrix} 1 & t \\ -t & 1 \end{pmatrix} \right) \Bigg|_{t=0} \\
&= \frac{d}{dt} f\left(\frac{1}{\sqrt{y}} \frac{1}{\sqrt{1+t^2}} \begin{pmatrix} y & x \\ 0 & 1 \end{pmatrix} \begin{pmatrix} 1 & t \\ 0 & 1+t^2 \end{pmatrix} \right) \Bigg|_{t=0} \\
&= \frac{d}{dt} f\left(\frac{\sqrt{1+t^2}}{\sqrt{y}} \begin{pmatrix} \frac{y}{1+t^2} & x + \frac{ty}{1+t^2} \\ 0 & 1 \end{pmatrix} \right) \Bigg|_{t=0} \\
&= \frac{d}{dt} F_f \left(x + \frac{ty}{1+t^2}, \frac{y}{1+t^2} \right) \Bigg|_{t=0} \\
&= \frac{d}{dt} \left(\left(x + \frac{ty}{1+t^2} \right) \frac{\partial}{\partial x} F_f, (x,y) + \frac{y}{1+t^2} \frac{\partial}{\partial y} F_f, (x,y) \right) \Bigg|_{t=0} \\
&= \left(\frac{1-t^2}{(1+t^2)^2} y \frac{\partial}{\partial x} F_f, (x,y) + \frac{-2yt}{(1+t^2)^2} \frac{\partial}{\partial y} F_f, (x,y) \right) \Bigg|_{t=0} \\
&= y \frac{\partial}{\partial x} F_f(x,y).
\end{aligned}
$$

Q.E.D.

以上より，次の結論に到達する．

定理 1.29　例 3 で与えたカシミール元 C と(1.11)で定義したラプラシアンとの間に，

$$C = \frac{1}{2}\Delta \tag{1.34}$$

の関係がある．

カシミール元 C は普遍包絡環 $U(\mathfrak{g})$ の中心元であるから，すべての不変微分作用素と可換である．したがって，次の結論を得る．

系　ラプラシアン Δ は，すべての不変微分作用素と可換である．

次章では，これに加えてラプラシアン Δ がすべての不変積分作用素と可換である事

実をみる．

第2章

セルバーグ理論

セルバーグ・ゼータ関数の多くの性質は，セルバーグ跡公式から得られる．本章では，跡公式の証明に必要なセルバーグ理論の解説を行う．

2.1 積分作用素

定理 1.29 の系で，ラプラシアン Δ がすべての不変微分作用素と可換であることを見たが，本節では，それに加えて Δ がすべての不変積分作用素とも可換である事実を示す．

積分作用素とは，H 上のある 2 変数関数 $k(z,w)$ を用いて関数 $f(z)$ に対する作用が

$$L:\ f(z) \longmapsto \int_H k(z,w)f(w)d\mu(w) \tag{2.1}$$

と定積分の形に表せる作用素のことであり，$d\mu(w)$ は H 上の $G=SL(2,\mathbb{R})$ の作用に関する不変測度である．$k(z,w)$ を，積分作用素 L の**積分核**という．

ここで不変測度を用いる理由は，以下の通りである．H 内の領域 D の面積は

$$\mathrm{vol}(D)=\int_D d\mu(z) \tag{2.2}$$

と定義するのが自然である．通常，$\mathbb{R}^2$ 内における図形の面積は，いわゆる平行移動によって不変である．$g\in G=SL(2,\mathbb{R})$ の H 上への一次分数変換を，$\mathbb{R}^2$ ベクトルの $\mathbb{R}^2$ 上への作用である平行移動の類似と考えると，

$$\mathrm{vol}(gD)=\mathrm{vol}(D) \tag{2.3}$$

が成り立つべきである．面積の定義式

$$\mathrm{vol}(gD)=\int_{gD} d\mu(z)$$

においては，$z=gw$ が $w\in D$ をわたるので，変数変換により w の積分として書

けば，

$$\mathrm{vol}(gD) = \int_D d\mu(w) = \int_D d\mu(g^{-1}z) \tag{2.4}$$

となる．(2.2) と (2.4) より，(2.3) が成り立つためには，$d\mu(g^{-1}z) = d\mu(z)$，すなわち，測度 $d\mu$ が G の作用に関して不変であることが必要十分である．

H 上の不変測度は，次の定理で与えられる．

定理 2.1 (H 上の不変測度)　双曲平面

$$H = \{z = x + iy \mid x \in \mathbb{R},\ y > 0\}$$

の測度

$$d\mu(z) = \frac{dxdy}{y^2}$$

は，$G = SL(2, \mathbb{R})$ の作用に関して不変である．

証明　H を等質空間 G/K とみて，岩澤分解 $G = NAK$ を考慮すると，G の作用に関する H 上の不変測度は，NA 上の左不変測度に対応する．以下の証明では，はじめに NA 上の右不変測度を求め，モジュラー関数 $\delta(p)$ を乗じることにより左不変測度を求める．

定理 1.5 で与えた N, A のハール測度の積として得られる $P = NA$ 上の測度を dp とおく．すなわち，

$$dp = dadn = \frac{dxdy}{y} \qquad (p = na \in P,\ n \in N, a \in A)$$

と定義する．まず，dp が $P = NA$ 上の右不変測度であることを示す．N, A の一般元の記号を

$$n(x) = \begin{pmatrix} 1 & x \\ 0 & 1 \end{pmatrix} \in N, \qquad a(y) = \begin{pmatrix} \sqrt{y} & 0 \\ 0 & \sqrt{y}^{-1} \end{pmatrix} \in A$$

とおく．P の 2 元 $h = n(v)a(u)$ および $p = n(x)a(y)$ に対し，行列の積の計算をすると

$$ph = n(x + vy)a(uy)$$

となるので，$y \longmapsto y/u$, $x \longmapsto x - vy$ の置換により

$$\begin{aligned}\int_P f(ph)dp &= \int_A \int_N f(n(x+vy)a(uy))\frac{dxdy}{y} \\ &= \int_A \int_N f(n(x)a(y))\frac{dxdy}{y} \\ &= \int_P f(p)dp\end{aligned}$$

が成り立つ．よって，dp は右不変である．

次に，再び行列の積を計算することで

$$a(y)n(x) = n(xy)a(y)$$

であるから，

$$\begin{aligned}\int_A \int_N f(an)dadn &= \int_A \int_N f(a(y)n(x))\frac{dxdy}{y} \\ &= \int_N \int_A f(n(xy)a(y))\frac{dxdy}{y} \\ &= \int_N \int_A f(n(x)a(y))\frac{dxdy}{y^2}\end{aligned}$$

が確かめられ，P のモジュラー関数が

$$\delta(p) = \delta(n(x)a(y)) = \frac{1}{y}$$

で与えられることがわかる．よって，左右の不変測度とモジュラー関数の関係（たとえば，小林・大島『リー群と表現論』（岩波書店）定理 3.16）により，モジュラー関数と右不変測度の積

$$\delta(p)\frac{dxdy}{y} = \frac{dxdy}{y^2}$$

が左不変測度となる．　Q.E.D.

以下，(2.1) の積分が絶対収束するような積分核 $k(z,w)$ と関数 $f(z)$ の組合せを考える．式(2.1) で定義される作用素 L が**不変積分作用素**であるとは，積分核 $k(z,w)$ が

$$k(gz, gw) = k(z,w) \qquad (\forall g \in G) \tag{2.5}$$

を満たすことと定義し，(2.5) を満たす $k(z,z')$ を G 不変な積分核という．

1.3 節でみたように，同型写像 (1.9) を通じて $H\times H$ 上の関数 $k(z,z')$ は $G\times G$ 上の関数とみなせる．すなわち，

$$G\times G\ni(g,g')\longmapsto(gi,g'i)\in H\times H$$

を合成した値によって $k(g,g')$ を定義すれば良い．k が G 不変であれば，

$$k(g,g')=k((g')^{-1}g,1)\qquad(1\text{ は }G\text{ の単位元})$$

となり，この右辺を G の一変数関数 F によって

$$k(g,g')=F((g')^{-1}g)$$

と表す．(1.9) より k は双方の変数に関して右側 K 不変であるから，F は両側 K 不変となる．すなわち，任意の $g\in G$，$k,k'\in K$ に対し，次式が成り立つ．

$$F(kgk')=F(g).$$

逆に，両側 K 不変な G 上の関数 $F(g)$ があるとき，不変積分作用素の積分核を $k(g,g')=F((g')^{-1}g)$ によって構成できる．

命題 2.2　G 不変な積分核 $k(z,w)$ は，z と w の間の双曲距離 $\rho(z,w)$ の 1 変数関数として表される．

証明　$\rho(z,w)=\rho(z',w')$ ならば $k(z,w)=k(z',w')$ が成り立つことを示せば良い．定理 1.1 でみたように，任意の $g\in G$ に対して $\rho(z,w)=\rho(gz,gw)$ が成り立つので，$gw=g'w'=i$ なる $g,g'\in G$ を適用することにより，$w=w'=i$ のときに示せば良いことがわかる．すなわち，$\rho(z,i)=\rho(z',i)$ ならば $k(z,i)=k(z',i)$ が成り立つことを示す．

ここで，$\kappa(\theta)=\begin{pmatrix}\cos\theta & \sin\theta\\ -\sin\theta & \cos\theta\end{pmatrix}\in K$ とおくと，$\kappa(\theta)$ の作用により i は固定され，原点 $O\in\overline{H}$ の像は $-\tan\theta$ となる．この作用により測地線が測地線に写ることに注意すれば，虚軸は i を通り $-\tan\theta$ を直径の片端とする半円周に写る．今，H の点 $z\neq i$ があるとき，z と i を通る測地線の実軸との交点を $-\tan\theta_0$ とおけば，z はある虚軸上の点 z_0 によって $z=\kappa(\theta_0)z_0$ と表される．θ が $-\pi/2\leqq\theta\leqq\pi/2$ を動くとき，$-\tan\theta$ は $\mathbb{R}\cup\{\infty\}$ を動くので，$\kappa(\theta)z=\kappa(\theta+\theta_0)z_0$ は，i の周りを一周す

る閉曲線を動く．双曲距離の G 不変性により，この閉曲線は i から等距離にある点の集合（いわゆる「円周」）をなす．よって，測地距離の定義より，$\rho(z,i)=\rho(z',i)$ ならば，ある $\kappa \in K$ が存在して $z'=\kappa z$ となる．したがって，$k(z,z')$ の G 不変性により，$k(z',i)=k(\kappa z,i)=k(z,i)$ となる． Q.E.D.

自然な全射 $G \longrightarrow G/K \cong H$ との合成により，H 上の関数は G 上の関数とみなせる．すなわち，$z=gi$, $z'=g'i$ のとき，$k(g,g')=k(z,z')$ とおく．G 不変性より，$k(z,z')=k((g')^{-1}gi,i)$ であり，これを G 上の 1 変数関数とみて $F((g')^{-1}g)$ とおく．命題 2.2 より $k(z,z')=k(z',z)$ であるから，一般に

$$F(g^{-1})=F(g) \qquad (\forall g \in G) \tag{2.6}$$

が成り立つ．

G 不変な積分核 $k(z,z')$ を，z の関数とみて，不変積分作用素 L を作用させるとき，z の関数としての作用であることを強調するため，添え字に z や g $(gi=z)$ を用いて，L を L_z や L_g 等と記す．

定理 2.3 L を不変積分作用素，$k(z,z')$ を G 不変な積分核とするとき，

$$L_z k(z,z')=L_{z'}k(z,z').$$

証明 L の不変性と (2.6) より，

$$\begin{aligned} L_g(F((g')^{-1}g)) &= (LF)((g')^{-1}g)=(LF)(g^{-1}g') \\ &= L_{g'}(F(g^{-1}g'))=L_{g'}(F((g')^{-1}g)). \end{aligned}$$

したがって，$L_z k(z,z')=L_{z'}k(z,z')$ が成り立つ． Q.E.D.

2.2 ラプラシアンと平均値作用素

ここで，ラプラシアンの基本的な性質を挙げておく．

定理 2.4（ラプラシアンの性質） H 上でコンパクトな台を持つ無限回微分可能な関数の全体からなる集合を $C_0^\infty(H)$ と書く．$C_0^\infty(H)$ に，内積

$$\langle F, G \rangle = \int_H F(z)\overline{G(z)}d\mu(z)$$

を入れる．ラプラシアン Δ を，$C_0^\infty(H)$ 上の作用素とみたとき，$-\Delta$ は，非負な対称作用素である．すなわち，任意の $F, G \in C_0^\infty(H)$ に対し，次の（1）（2）が成り立つ．

（1）$\langle -\Delta F, G \rangle = \langle F, -\Delta G \rangle$.

（2）$\langle -\Delta F, F \rangle \geqq 0$.

証明　$\nabla = \left(\dfrac{\partial}{\partial x}, \dfrac{\partial}{\partial y}\right)$ とおくと，$\Delta = (y\nabla) \cdot (y\nabla)$ であるから，2変数の部分積分公式により，

$$\langle -\Delta F, G \rangle = \int_H (y\nabla F) \cdot (\overline{y\nabla G})d\mu(z) = \langle F, -\Delta G \rangle.$$

また，この式で $F = G$ とすると，

$$\langle -\Delta F, F \rangle = \int_H |y\nabla F|^2 d\mu(z) \geqq 0. \qquad \text{Q.E.D.}$$

本章の冒頭で予告していた定理を述べる．

定理 2.5　不変積分作用素はラプラシアンと可換である．

証明　定理 2.3 と定理 2.4（1）より，

$$\begin{aligned}
\Delta L f(z) &= \Delta\left(\int_H k(z,w)f(w)d\mu(w)\right) \\
&= \int_H (\Delta_z k(z,w))f(w)d\mu(w) \\
&= \int_H (\Delta_w k(z,w))f(w)d\mu(w) \\
&= \langle \Delta_w k(z,w), \overline{f(w)} \rangle \\
&= \langle k(z,w), \Delta_w \overline{f(w)} \rangle \\
&= \int_H k(z,w)(\Delta_w f(w))d\mu(w)
\end{aligned}$$

$$= L\Delta f(z).$$ Q.E.D.

次に，

$$k(\theta) = \begin{pmatrix} \cos\theta & \sin\theta \\ -\sin\theta & \cos\theta \end{pmatrix} \in K$$

とおき，H 上の任意の関数 $f(z)$ に対し，$w \in H$ のまわりの**平均値作用素** M_w を，

$$(M_w f)(z) = \frac{1}{2\pi}\int_0^{2\pi} f(\sigma k(\theta)\sigma^{-1}z)d\theta \qquad (\text{ただし}\sigma w = i)$$

で定義する．$w \in H$ の固定化群は，

$$G_w = \{g \in G \mid gw = w\} = \sigma K \sigma^{-1}$$

で与えられるので，平均値作用素は

$$(M_w f)(z) = \int_{G_w} f(gz)dg = \int_K f(\sigma k \sigma^{-1} z)dk$$

と定義しても同じである．$f_w(z) = (M_w f)(z)$ とおき，関数 $f(z)$ に対し，$w \in H$ のまわりの平均値という．

命題 2.6 平均値 $f_w(z)$ は，双曲距離 $\rho(z, w)$ のみによる．さらに，$f_z(z) = f(z)$ が成り立つ．

証明 2 点 z, z' が w から等距離にあるとする．このとき，ある $g_1 \in G_w$ が存在して $g_1 z = z_1$ となる．よって，

$$f_w(z_1) = \int_{G_w} f(gz_1)dg = \int_{G_w} f(gg_1 z)dg = \int_{G_w} f(gz)dg = f_w(z).$$

これで一つめの主張が示された．

次に，二つめの主張は，次式により示される．

$$f_z(z) = \int_{G_z} f(gz)dg = f(z)\int_{G_z} dg = f(z).$$

これで，すべての主張が示された． Q.E.D.

命題 2.7　不変積分作用素は，平均値作用素の合成によって不変である．すなわち，

$$(Lf)(z) = (Lf_z)(z)$$

が成り立つ．

証明　L の積分核を $k(z, z')$ とおくと，

$$\begin{aligned}
(Lf_z)(z) &= \int_H k(z,w) f_z(w) d\mu(w) \\
&= \int_H k(z,w) \left(\int_{G_z} f(gw) dg \right) d\mu(w) \\
&= \int_{G_z} \left(\int_H k(z,w) f(gw) d\mu(w) \right) dg \\
&= \int_{G_z} \left(\int_H k(z, g^{-1}w) f(w) d\mu(w) \right) dg \\
&= \int_{G_z} \left(\int_H k(gz, w) f(w) d\mu(w) \right) dg \\
&= \int_{G_z} \left(\int_H k(z,w) f(w) d\mu(w) \right) dg \\
&= \left(\int_{G_z} dg \right) \left(\int_H k(z,w) f(w) d\mu(w) \right) \\
&= \int_H k(z,w) f(w) d\mu(w) \\
&= (Lf)(z).
\end{aligned}$$

Q.E.D.

双曲距離 $\rho(z, w)$ は(1.8)で定義した．その具体的な表示を，次の命題で与える．

命題 2.8（双曲距離の表示）　2点 $z, w \in H$ の間の双曲距離 $\rho(z, w)$ は，次の（1）～（4）を満たす．

（1）$\rho(z,w) = \log \dfrac{|z - \overline{w}| + |z - w|}{|z - \overline{w}| - |z - w|}$.

（2）$\sinh \dfrac{\rho(z,w)}{2} = \sqrt{u(z,w)}$. ただし，$u(z,w) = \dfrac{|z-w|^2}{4 \mathrm{Im} z \mathrm{Im} w}$.

(3) $\cosh \dfrac{\rho(z,w)}{2} = \sqrt{1+u(z,w)}.$

(4) $\cosh \rho(z,w) = 1 + 2u(z,w).$

証明 (2) (3) (4) (1) の順に示す.

(2) はじめに, u が G 不変, すなわち, 任意の $g \in G$ に対して

$$u(z,w) = u(gz, gw) \tag{2.7}$$

が成り立つことを示す. $g = \begin{pmatrix} a & b \\ c & d \end{pmatrix}$ $(a,b,c,d \in \mathbb{R})$ とおくと,

$$\begin{aligned} |gz - gw|^2 &= \left| \frac{az+b}{cz+d} - \frac{aw+b}{cw+d} \right|^2 \\ &= \frac{(ad-bc)((x-u)^2+(y-v)^2)}{((cu+d)^2+c^2v^2)((cx+d)^2+c^2y^2)} \qquad (z = x+iy,\ w = u+iv) \\ &= \frac{|z-w|^2}{|cz+d|^2|cw+d|^2} \\ &= \frac{\mathrm{Im}(gz)}{\mathrm{Im} z}\frac{\mathrm{Im}(gw)}{\mathrm{Im} w}|z-w|^2. \end{aligned}$$

ただし, 最後の等号は, (1.1) の証明中に得た

$$\mathrm{Im}(gz) = \frac{\mathrm{Im} z}{|cz+d|^2}$$

を用いた. これで (2.7) が示された.

定理 1.3 の証明でみたように, 任意の $z, w \in H$ に対し, $gz = i$, $\mathrm{Im}(gw) = 0$ なる $g \in G$ が存在するから, $z = i$, $w = vi$ $(v > 1)$ の場合に示せば十分である. このとき, 双曲距離の定義より

$$\rho(i, vi) = \log v$$

であるから, (2) の左辺は,

$$\sinh \frac{\log v}{2} = \frac{\sqrt{v} - \sqrt{v}^{-1}}{2},$$

右辺は,

$$\sqrt{u(i,vi)} = \sqrt{\frac{|v-1|^2}{4v}} = \frac{\sqrt{v}-\sqrt{v^{-1}}}{2}$$

となり，一致する．これで（2）が示された．

（3）　$\cosh^2 \dfrac{\rho(z,w)}{2} = 1 + \sinh^2 \dfrac{\rho(z,w)}{2}$ であるから，（2）の結果を代入して直ちに結論を得る．

（4）　$\cosh \rho(z,w) = 2\sinh^2 \dfrac{\rho(z,w)}{2} + 1$ であるから，再び（2）の結果を代入して直ちに結論を得る．

（1）　まず，

$$\begin{aligned}
|z-\overline{w}|^2 &= (x-u)^2 + (y+v)^2 \\
&= (x-u)^2 + (y-v)^2 + 4yv \\
&= |z-w|^2 + 4yv
\end{aligned}$$

であるから，（4）より

$$\begin{aligned}
\cosh \rho(z,w) &= 1 + 2u(z,w) \\
&= 1 + \frac{|z-w|^2}{2yv} \\
&= \frac{4yv + 2|z-w|^2}{4yv} \\
&= \frac{(|z-w|^2 + 4yv) + |z-w|^2}{4yv} \\
&= \frac{|z-\overline{w}|^2 + |z-w|^2}{4yv} \\
&= \frac{|z-\overline{w}|^2 + |z-w|^2}{|z-\overline{w}|^2 - |z-w|^2} \\
&= \frac{1}{2}\left(\frac{|z-\overline{w}| + |z-w|}{|z-\overline{w}| - |z-w|} + \frac{|z-\overline{w}| - |z-w|}{|z-\overline{w}| + |z-w|}\right) \\
&= \cosh \log \frac{|z-\overline{w}| + |z-w|}{|z-\overline{w}| - |z-w|}.
\end{aligned}$$

これで，すべての主張が示された．　Q.E.D.

2.3 双曲平面の極座標

ユークリッド平面のときと同じように，双曲平面にも極座標表示を導入しておくと，計算上便利である．本節では極座標を導入し，基本的な性質を概観する．

命題 2.9（カルタン分解） $G = KAK$ が成り立つ．すなわち，任意の $g \in G$ は，$g = kak'$ $(k, k' \in K,\ a \in A)$ の形に表せる．

証明 まず，$g = \begin{pmatrix} a & b \\ c & d \end{pmatrix}$ に対し，積 kg が対称行列となるような直交行列 $k \in K$ が存在することを示す．$k = \begin{pmatrix} \alpha & -\beta \\ \beta & \alpha \end{pmatrix}$ (ただし $\alpha^2 + \beta^2 = 1$) とおくと，

$$kg = \begin{pmatrix} * & \alpha b - \beta d \\ \alpha c + \beta a & * \end{pmatrix}$$

であるから，$\alpha b - \beta d = \alpha c + \beta a$，すなわち，$\alpha(b-c) = \beta(a+d)$ のとき，kg は対称行列となる．よって，

$$\alpha = \frac{a+d}{\sqrt{(a+d)^2 + (b-c)^2}}, \qquad \beta = \frac{b-c}{\sqrt{(a+d)^2 + (b-c)^2}}$$

とおけばよい．

対称行列は直交行列を用いて対角化できるので，ある $k_1 \in K$ と $a \in A$ が存在して，

$$a = k_1^{-1}(kg)k_1$$

となる．これより，$g = k^{-1}k_1 a k_1^{-1}$ と表せる． Q.E.D.

カルタン分解の A 成分は，岩澤分解（定理 1.4）の A 成分とは異なる．実際，カルタン分解の A 成分は，測地距離 $\rho(gi, i)$ を与えることを，次の命題で示す．

命題 2.10（カルタン分解の意義） $K = SO(2)$ の一般元を

$$k(\theta) = \begin{pmatrix} \cos\theta & \sin\theta \\ -\sin\theta & \cos\theta \end{pmatrix}$$

という記号で表す．元 $g \in G = SL(2, \mathbb{R})$ が $g = k(\varphi)ak(\theta)$ とカルタン分解されるとき，

$$a = \begin{pmatrix} a^{-\frac{r}{2}} & 0 \\ 0 & e^{\frac{r}{2}} \end{pmatrix} \quad (r > 0)$$

ならば，$r = \rho(gi, i)$ である．

証明　双曲距離が G 不変であることから，

$$\begin{aligned} \rho(gi, i) &= \rho(k(\varphi)ak(\theta)i, i) = \rho(k(\varphi)ai, i) \\ &= \rho(ai, i) = \rho(e^{-r}i, i) = r. \end{aligned}$$

Q.E.D.

この命題より，カルタン分解 $g = k(\varphi)ak(\theta)$ において a を固定して φ をわたらせると，gi は i から等距離の点を動く．すなわち，

$$\{g = k(\varphi)ak(\theta) \in G \mid 0 \leqq \varphi < \pi\}$$

は，i を中心とする半径 r の円周をなす．実際，$k(\varphi)$ は，i を中心とする角 2φ の回転移動として作用することが知られている．

組 (r, φ) $(r > 0,\ 0 \leqq \varphi < \pi)$ を，点 $gi = z = x + iy$ の**極座標**という．x, y との関係を，次の命題で与える．

命題 2.11（極座標変換）　点 $gi = x + iy \in H$ の極座標が (r, φ) $(r > 0,\ 0 \leqq \varphi < \pi)$ であるとき，次式が成り立つ．

$$\begin{aligned} x &= \frac{\sinh r \sin 2\varphi}{\cosh r + \sinh r \cos 2\varphi} = y \sinh r \sin 2\varphi, \\ y &= (\cosh r + \sinh r \cos 2\varphi)^{-1}. \end{aligned}$$

証明　極座標の定義より，

$$\begin{aligned} x + iy &= k(\varphi)e^{-r}i \\ &= \begin{pmatrix} \cos\varphi & \sin\varphi \\ -\sin\varphi & \cos\varphi \end{pmatrix} e^{-r}i \\ &= \frac{(e^{-r}\cos\varphi)i + \sin\varphi}{(-e^{-r}\sin\varphi)i + \cos\varphi} \\ &= \frac{(\sin\varphi + (e^{-r}\cos\varphi)i)(\cos\varphi + (e^{-r}\sin\varphi)i)}{e^{-2r}\sin^2\varphi + \cos^2\varphi} \end{aligned}$$

$$= \frac{\sinh r \sin 2\varphi + i}{e^{-r}\sin^2\varphi + e^r\cos^2\varphi}.$$

これで，$x = y\sinh r \sin 2\varphi$ が示された．あとは，第 2 式を示せば良い．上の結果に倍角公式 $\cos^2\varphi - \frac{1}{2} = \frac{1}{2}\cos 2\varphi$ を用いて変形すると，

$$\begin{aligned} y &= \frac{1}{e^{-r}\sin^2\varphi + e^r\cos^2\varphi} = \frac{1}{e^{-r}(1-\cos^2\varphi) + e^r\cos^2\varphi} \\ &= \frac{1}{\frac{e^r + e^{-r}}{2} - e^{-r}\left(\cos^2\varphi - \frac{1}{2}\right) + e^r\left(\cos^2\varphi - \frac{1}{2}\right)} \\ &= \frac{1}{\cosh r + \sinh r \cos 2\varphi}. \end{aligned}$$

Q.E.D.

命題 2.11 の変数変換により，ラプラシアンは，

$$\Delta = \frac{\partial^2}{\partial r^2} + \frac{1}{\tanh r}\frac{\partial}{\partial r} + \frac{1}{(2\sinh r)^2}\frac{\partial^2}{\partial\varphi^2} \tag{2.8}$$

となる．命題 2.8（2）で与えた u を用いると，命題 2.8（4）より $\cosh r = 2u + 1$ とおけるので，r から u に変数変換すると，(2.8) は

$$\Delta = u(u+1)\frac{\partial^2}{\partial u^2} + (2u+1)\frac{\partial}{\partial u} + \frac{1}{16u(u+1)}\frac{\partial^2}{\partial\varphi^2} \tag{2.9}$$

となる．

2.4　特殊関数論からの準備

ラプラシアンの固有関数は，2 階微分方程式の解である．種々の 2 階微分方程式について，解の具体的表示や性質は研究されている．それらは，超幾何関数やグリーン関数など，特殊関数と呼ばれる一連の関数に属する．本節では，特殊関数の基本事項を概観する．

3 つの複素数のパラメーター $\alpha, \beta, \gamma \in \mathbb{C}$ による微分方程式

$$u(1-u)F'' - ((\alpha+\beta+1)u - \gamma)F' - \alpha\beta F = 0 \tag{2.10}$$

の解 $F(u)$ を，**超幾何関数**という．γ が非負整数でないとき，(2.10) の 1 次独立な 2

解のうちの一つがガウスの超幾何級数

$$F(\alpha,\beta;\gamma;u)=\sum_{k=0}^{\infty}\frac{(\alpha)_k(\beta)_k}{(\gamma)_k k!}u^k \tag{2.11}$$

によって与えられる．ただし，

$$(s)_k=\frac{\Gamma(s+k)}{\Gamma(s)}=s(s+1)\cdots(s+k-1)$$

である．べき級数(2.11)は $|u|<1$ 上で絶対収束し，$\mathbb{C}\setminus\{u\in\mathbb{R}\mid u\geqq 1\}$ 上に解析接続される．

超幾何関数の定義方程式(2.10)は，ラプラシアン(2.9)と類似の形をしている．このことから，各パラメータを特殊化することにより，ラプラシアンのスペクトル解析に有用な超幾何関数を得ることができる．

その一つが**グリーン関数**である．それは，超幾何関数 $F\left(s,s;2s;\dfrac{1}{u}\right)$ を用いて，

$$G_s(u)=\frac{\Gamma(s)^2}{4\pi\Gamma(2s)}u^{-s}F\left(s,s;2s;\frac{1}{u}\right)$$

と定義される．$G_s(u)$ は以下の積分表示を持つことが知られている．

$$G_s(u)=\frac{1}{4\pi}\int_0^1(\xi(1-\xi))^{s-1}(\xi+u)^{-s}d\xi. \tag{2.12}$$

また，$G_s(u)=G_s(u(z,w))$ は $u=0$ すなわち $z=w$ に特異点を持ち，ある微分可能で有界な導関数を持つ $H_s(z,w)$ を用いて

$$G_s(u(z,w))=\frac{-1}{2\pi}\log|z-w|+H_s(z,w) \tag{2.13}$$

と表せることが知られている．

命題 2.12（グリーン関数の性質）　積分(2.12)は $\mathrm{Re}(s)=\sigma>0$ で絶対収束する．(2.12)によって $\mathbb{R}_{>0}$ 上で定義された関数 $G_s(u)$ は，ラプラシアン(2.9)の固有方程式

$$(\Delta+s(1-s))G_s(u)=0 \tag{2.14}$$

を満たす．さらに，$G_s(u)$ は以下の評価式を満たす．

(1) $G_s(u) = \dfrac{1}{4\pi} \log \dfrac{1}{u} + O(1)\ (u \to 0)$.

(2) $G_s'(u) = -(4\pi u)^{-1} + O(1)\ (u \to 0)$.

(3) $G_s(u) = O(u^{-\sigma})\ (u \to \infty)$.

証明　(2.14) は，積分表示 (2.12) を部分積分によって変形するか，または，級数表示 (2.11) を項別微分して計算すれば確かめられる．

評価式 (1) を証明する．

$$4\pi G_s(u) = \int_0^1 \left(\frac{\xi(1-\xi)}{\xi+u}\right)^{s-1} \frac{d\xi}{\xi+u}$$

と変形してから，$\nu = (|s|+1)u$ および $\eta = (|s|+1)^{-1}$ の 2 点において，この積分を $\int_0^\nu$, $\int_\nu^\eta$, $\int_\eta^1$ と 3 つに分割し，各々を評価する．

第一の積分は，

$$\int_0^\nu \left(\frac{\xi(1-\xi)}{\xi+u}\right)^{s-1} \frac{d\xi}{\xi+u} = O\left(u^{-\sigma}\int_0^\nu \xi^{\sigma-1}d\xi\right) = O(1),$$

第三の積分は，

$$\int_\eta^1 \left(\frac{\xi(1-\xi)}{\xi+u}\right)^{s-1} \frac{d\xi}{\xi+u} = O\left(\int_\eta^1 (1-\xi)^{\sigma-1}d\xi\right) = O(1)$$

と容易に評価できる．第二の積分は，近似式

$$\left(\frac{\xi(1-\xi)}{\xi+u}\right)^{s-1} = \left(1 - \frac{u+\xi^2}{u+\xi}\right)^{s-1} = 1 + O\left(\frac{u+\xi^2}{u+\xi}\right)$$

を用いて，

$$\begin{aligned}\int_\nu^\eta \left(\frac{\xi(1-\xi)}{\xi+u}\right)^{s-1} \frac{d\xi}{\xi+u} &= \int_\nu^\eta \frac{d\xi}{\xi+u} + O\left(\int_\nu^\eta \frac{u+\xi^2}{(u+\xi)^2}d\xi\right)\\ &= \log\frac{u+\eta}{u+\nu} + O(1)\\ &= \log\frac{1}{u} + O(1).\end{aligned}$$

以上で，評価式 (1) が示された．

評価式（2）の証明も同様の方法ででき，評価式（3）は自明である．　Q.E.D.

$s \in \mathbb{C}$ $(\mathrm{Re}(s) > 1)$ に対し，作用素 R_s を，

$$(R_s f)(z) = -\int_H G_s(u(z,w)) f(w) d\mu(w) \tag{2.15}$$

と定義する．R_s はリゾルベント作用素と呼ばれるものの一種であり，この場合はグリーン関数 $G_s(u)$ を積分核としている．これについて，以下の命題が成り立つ．

定理 2.13（リゾルベント作用素の性質）　f が H 上の滑らかで有界な関数であるとき，

$$(\Delta + s(1-s)) R_s f = f \tag{2.16}$$

が成り立つ．

証明　はじめに，次式を示す．

$$(\Delta + s(1-s)) R_s f(z) = -\int_H G_s(u(z,w))(\Delta + s(1-s)) f(w) d\mu(w). \tag{2.17}$$

$G = SL(2,\mathbb{R})$ のリー環 $\mathfrak{g}$ の元 X に対し，$g_t = \exp(tX)$ とおくと，

$$\begin{aligned} R_s f(g_t z) &= -\int_H G_s(u(g_t z, w)) f(w) d\mu(w) \\ &= -\int_H G_s(u(g_t z, g_t w)) f(g_t w) d\mu(w) \\ &= -\int_H G_s(u(z,w)) f(g_t w) d\mu(w). \end{aligned}$$

両辺を t で微分して $t=0$ を代入すると，

$$\widetilde{X} R_s f(z) = \int_H G_s(u(z,w))(\widetilde{X} f)(w) d\mu(w)$$

となる．ただし，$\widetilde{X}$ は，(1.24) で定義した作用素である．この結果に，第1章の例3で定義した $X = X_j$ $(j = 1,2,3)$ を適用し，第1章の例2と定理 1.29 を用いれば，(2.17) が示される．

以下，(2.17) を用いて定理 2.13 を示す．$z \in H$ を中心とする半径 $\varepsilon > 0$ の円盤を U とし，U の外部を V とし，$H = U \cup V$ と分割する．積分 (2.15) を，この分割に

したがって二つに分けて計算する．$\varepsilon \to 0$ のとき，U 上の積分が 0 に近づくことは明らかである．一方，V 上の積分は，$\mathbb{R}^2$ 上のグリーンの公式

$$\int_V (gDf - fDg)dxdy = \int_{\partial V} \left(g\frac{\partial f}{\partial n} - f\frac{\partial g}{\partial n} \right) d\ell \tag{2.18}$$

を用いて計算する．ここに，D はユークリッド・ラプラシアン，$\partial/\partial n$ は法線微分，$d\ell$ はユークリッド計量である．(2.18) を $g = G_s(u(z,*))$ として適用すると，(2.14) により，

$$\int_V G_s(u(z,w))(\Delta + s(1-s))f(w)d\mu(w) = \int_{\partial U} \left(G_s\frac{\partial f}{\partial n} - f\frac{\partial G_s}{\partial n} \right) d\ell$$

が成り立つ．右辺の $G_s\dfrac{\partial f}{\partial n}$ の積分は，$\varepsilon \to 0$ のとき 0 に収束するから，

$$\int_{\partial U} f\frac{\partial G_s}{\partial n} d\ell = -\int_V G_s(u(z,w))(\Delta + s(1-s))f(w)d\mu(w).$$

ここで，(2.13) により，

$$\int_{\partial U} f\frac{\partial G_s}{\partial n} d\ell = -\frac{1}{2\pi}\int_{\partial U} f(w)\frac{\partial \log|z-w|}{\partial n} d\ell + \int_{\partial U} f(w)\frac{\partial H_s(z,w)}{\partial n} d\ell$$

となるが，右辺第 2 項は $\varepsilon \to 0$ のとき 0 に収束する．右辺第 1 項は

$$\frac{1}{2\pi\varepsilon}\int_{\partial U} f(w)d\ell$$

に等しい．これは $\varepsilon \to 0$ のとき $f(w)$ に収束するので，(2.17) より証明を終わる．

Q.E.D.

この定理は，R_s と $\Delta + s(1-s)$ が互いに逆作用素であることを主張しているが，その事実を正しく把握するためには，ラプラシアン Δ の作用する関数空間を特定する必要がある．関数空間については，後ほど 5.1 節で詳述する．ここでは，R_s の性質をとらえるために必要な L^2 空間のみ定義しておく．

$\Gamma\backslash H$ 上の関数の集合

$$L^2(\Gamma\backslash H) = \left\{ f:\ \Gamma\backslash H \longrightarrow \mathbb{C} \;\middle|\; \int_{\Gamma\backslash H} |f(z)|^2 d\mu(z) < \infty \right\}$$

を L^2 空間と呼び，有限の値

$$\int_{\Gamma\backslash H}|f(z)|^2 d\mu(z)$$

を関数 f の L^2 ノルムと呼ぶ．L^2 空間では2つの関数 f, g の内積が

$$\int_{\Gamma\backslash H} f(z)\overline{g(z)}d\mu(z) \tag{2.19}$$

と定義され，この内積に関して，L^2 空間はヒルベルト空間（完備な内積空間）となっている．

定理2.13より，次の系を得る．

系　作用素 R_s の像は，$L^2(\Gamma\backslash H)$ 内で稠密である．

証明　$R_s=(\Delta+s(1-s))^{-1}$ より，

$$R_s f = g \quad \Longleftrightarrow \quad f=(\Delta+s(1-s))g.$$

R_s の値域は $\Delta+s(1-s)$ の定義域に等しく，滑らかな関数がすべて属するので，$L^2(\Gamma\backslash H)$ 内で稠密である．　Q.E.D.

2.5　セルバーグの定理

本節では，セルバーグ跡公式の証明の肝となるセルバーグの定理を証明する．

命題 2.14　任意の $\lambda\in\mathbb{C}$ と $w\in H$ に対し，以下の（1）～（3）をすべて満たすような z の関数 $\omega(z,w)$ が，ただ一つ存在する．

（1）$\omega(w,w)=1$.

（2）$(\Delta_z+\lambda)\omega(z,w)=0$.

（3）$\rho(z_1,w)=\rho(z_2,w)$ ならば $\omega(z_1,w)=\omega(z_2,w)$.

さらに，この $\omega(z,w)$ は，

$$\omega(z,w)=F_s(u(z,w)) \qquad (\lambda=s(1-s))$$

によって与えられる．ただし，

$$F_s(u)=F(s,1-s;1;u)$$

は，(2.11)で定義した超幾何関数である．

証明 条件 (3) より，命題 2.8 (2) で定義した $u = u(z, w)$ を用いて $\omega(z, w) = F(u)$ とおける．このとき，条件 (2)，すなわち

$$(\Delta + s(1-s))F(u) = 0$$

が成り立つことは，条件 (3) より

$$\frac{\partial F}{\partial \varphi} = 0$$

であることから，Δ の極座標表示(2.9)が

$$(\Delta + s(1-s))F = u(u+1)F'' + (2u+1)F' + s(1-s)F = 0 \tag{2.20}$$

となるのでわかる．

一方，超幾何関数 $F(s, 1-s; 1; u)$ は，(2.10)より微分方程式(2.20)の解である．したがって，正規化条件 (1) により解は一意に定まる． Q.E.D.

系 $\Delta f + \lambda f = 0$ ならば，$f_w(z) = \omega(z, w) f(w)$ である．

証明 平均値作用素はコンパクト群上の積分であるからラプラシアンと可換であり，

$$\Delta f_w = \Delta M_w f = M_w \Delta f = -M_w \lambda f = -\lambda M_w f = -\lambda f_w$$

となるので，f_w も Δ の固有関数であり，固有値 λ である．すなわち，f_w は命題 2.14 の条件 (2) を満たす．さらに，命題 2.6 より，$f_w(z)$ は (3) を満たす．よって，命題 2.14 により，z の関数 $f_w(z)$ は，ある w のみによる定数 $c(w)$ を用いて

$$f_w(z) = c(w)\omega(z, w)$$

と表せる．ここで，$c(w)$ を求めるために $z = w$ を代入すると，条件 (1) より，

$$c(w) = \frac{f_w(w)}{\omega(w, w)} = f(w)$$

となる． Q.E.D.

命題 2.2 より，G 不変な積分核 $k(z, w)$ は測地距離の関数として表されるが，命題

2.8 より，測地距離は u の関数で書けるので，$k(z,w)$ を u の関数として表せる．以下，これを，一変数関数の記号で $k(u)$ と記す．

定理 2.15　Δ の固有関数は，すべての不変積分作用素の固有関数であり，その固有値は Δ の固有値のみによる（固有関数にはよらない）．すなわち，G 不変な積分核 $k(z,w)$ が正の実数の集合内にコンパクトな台を持ち，滑らかな関数 $k(u)$ によって $k(z,w)=k(u)$ と表されるとき，$\Delta f+\lambda f=0$ ならば，不変積分作用素

$$Lf(z)=\int_H k(z,w)f(w)d\mu(w)$$

に対し，λ のみによって定まる定数 $\Lambda=\Lambda(\lambda)$ が存在して，$Lf=\Lambda f$．すなわち，

$$\int_H k(z,w)f(w)d\mu(w)=\Lambda f(z)$$

となる．

証明　命題 2.7 と 73 ページの系により，

$$\begin{aligned}(Lf)(z)&=(Lf_z)(z)\\&=\int_H k(z,w)f_z(w)d\mu(w)\\&=\int_H k(z,w)\omega(z,w)f(w)d\mu(w)\\&=\left(\int_H k(z,w)\omega(z,w)d\mu(w)\right)f(w).\end{aligned}$$

あとは，

$$\Lambda(z)=\int_H k(z,w)\omega(z,w)d\mu(w)$$

が z によらないことを示せば良い．k と ω がともに G 不変であることから，$gz=i$ なる $g\in SL(2,\mathbb{R})$ を用いて

$$\Lambda(z)=\int_H k(i,gw)\omega(i,gw)d\mu(w)$$

となり，$w \mapsto wg^{-1}$ の置き換えによって，$d\mu$ の右不変性から

$$\Lambda(z) = \int_H k(i,w)\omega(i,w)d\mu(w)$$

となるので，これは z によらない． Q.E.D.

定理 2.15 の逆も成立する．

定理 2.16 正の実数上のコンパクトな台を持つ滑らかな関数の集合を $C_0^\infty(\mathbb{R}_+)$ とおく．関数 f が，積分核が $C_0^\infty(\mathbb{R}_+)$ に属するようなすべての不変積分作用素の固有関数であれば，f はラプラシアン Δ の固有関数である．

証明 積分核 $k(z,w)$ が，ある $\Lambda \in \mathbb{C}$ に対して

$$\int_H k(z,w)f(w)d\mu(w) = \Lambda f(z) \tag{2.21}$$

を満たしたとする．すべての $k(z,w)$ に対して $\Lambda = 0$ ならば，$f = 0$ となり結論は成り立つので，以下，ある $k(z,w)$ に対して $\Lambda \neq 0$ であるとする．

このとき，(2.21) の両辺に Δ を施し，

$$\int_H \Delta_z k(z,w)f(w)d\mu(w) = \Lambda(\Delta f)(z).$$

ここで，$\Delta_z k(z,w)$ は再び不変積分作用素の積分核となるので，仮定より，ある $\Lambda' \in \mathbb{C}$ が存在して

$$\int_H \Delta_z k(z,w)f(w)d\mu(w) = \Lambda' f(z).$$

以上を合わせて $\Lambda(\Delta f)(z) = \Lambda' f(z)$ となるから，$(\Delta f)(z) = \Lambda^{-1}\Lambda' f(z)$ である．

Q.E.D.

第3章

跡公式という考え方

リーマン・ゼータ関数は素数の全体にわたるオイラー積で表される．これを一般化し，別の種類の「素なもの」にわたる積を考えたものがセルバーグ・ゼータ関数である．ゼータ関数が本来の素数から一般の「素なもの」へ拡張されるに至った契機は，1952年（出版は1956年）のA. セルバーグ（1917–2007）による新しいゼータ関数の発見にあった．セルバーグは，ある種の群の共役類の集合の中に「素」（すなわち他の共役類のべきで表せないもの）を見出した．これはまた，リーマン面の閉測地線の「素」（一周だけの閉測地線）という幾何学的対象とも一致した．

何らかの「素なもの」にわたるオイラー積としてゼータ関数を定義する——これだけならそれほど驚くに当たらない．しかし，そのゼータ関数が解析接続や関数等式などの美しい性質を持つとなると，話は違ってくる．それは「素なもの」たちに何らかの意味が備わっている証だからである．セルバーグは，自らのゼータ関数がそれらの性質を持つことを示したばかりでなく，それがリーマン予想と類似の性質を満たすことをも発見した．

これが，リーマン予想研究においてセルバーグ・ゼータ関数が重視される理由である．数学の未解決問題を解決するために，それまでに証明された類似問題の解決例がヒントになることが多い．リーマン予想の類似問題としては，合同ゼータ関数に対するP. ドリーニュ（1944–）の研究と，本章で扱うセルバーグの研究，この2大研究が，人類の持つ大きな資産であるといえる．

では，セルバーグはどのような方法で，新しいゼータ関数の解析的性質を証明したのだろうか．その鍵となるのが，セルバーグ跡公式である．

本章では，セルバーグ跡公式の特別な場合であるポアソン和公式を先に説明する（3.2節）．その準備として，3.1節で，フーリエ変換とフーリエ展開の基礎事項を解説する．

3.1 フーリエ展開とフーリエ変換

n を任意の整数とするとき，指数関数 $e^{2\pi inx}$ は，x を整数だけ平行移動しても変わらない．すなわち，任意の整数 k に対して

$$e^{2\pi in(x+k)} = e^{2\pi inx}$$

が成り立つ．言い換えると，任意の整数 n に対し指数関数 $e^{2\pi inx}$ は周期 1 の周期関数である．したがって，これらの一次結合を n にわたってとった

$$\sum_{n=-\infty}^{\infty} a_n e^{2\pi inx} \qquad (a_n \in \mathbb{C})$$

も,（収束する限りにおいて）周期 1 の周期関数である．

本節の目標は，この逆，すなわち「周期 1 の周期関数は上のような級数展開を持つ」が成り立つための十分条件を，しかるべき定式化（L^2 収束の導入）を行った上で，与えることである．それは，後に定理 3.6 として与えられる．そこでは，ある条件下で，$f(x)$ が周期 1 の周期関数であるとき，何らかの係数 $c_n \in \mathbb{C}$ が存在して

$$f(x) = \sum_{n=-\infty}^{\infty} c_n e^{2\pi inx} \tag{3.1}$$

の形にかけることが示される．このとき，(3.1) を，周期関数 $f(x)$ の**フーリエ展開**と呼び，右辺を**フーリエ級数**という．また，c_n を**フーリエ係数**という．

区間 $[0,1]$ 上リーマン可積分であるような周期 1 の周期関数 $f(x)$ がフーリエ展開 (3.1) を持つとき，フーリエ係数 c_n が

$$c_n = \int_0^1 f(x)e^{-2\pi inx}dx \tag{3.2}$$

によって与えられることは，(3.2) の右辺に (3.1) を代入して積分を計算すれば，直ちにわかる．

以下，定理 3.6 を示すための準備として，いくつかの事実を準備する．周期 1 の周期関数であるような $\mathbb{R}$ 上の複素数値関数の全体は，複素線形空間をなす．そのうち，連続関数のなす部分空間を $C(\mathbb{R}/\mathbb{Z})$ と記す．$f, g \in C(\mathbb{R}/\mathbb{Z})$ に対し，

$$\langle f, g \rangle = \int_0^1 f(x)\overline{g(x)}dx$$

とおく．ここに，積分は通常のリーマン積分を表すが，複素数の積分値は $h(x) = u(x) + iv(x)$ と実数値関数の一次結合に分解して

$$\int_0^1 h(x)dx = \int_0^1 u(x)dx + i\int_0^1 v(x)dx$$

と定義する．

すぐにわかるように，$\langle \cdot, \cdot \rangle$ は，ベクトル空間 $C(\mathbb{R}/\mathbb{Z})$ の内積を定義する．$f \in C(\mathbb{R}/\mathbb{Z})$ に対し，

$$\|f\|_2 = \sqrt{\langle f, f \rangle}$$

とおくと，$\|\cdot\|_2$ はノルムを定義する．すなわち，以下の三条件が成り立つ．

- $\|\lambda f\|_2 = |\lambda|\|f\|_2$ $(\lambda \in \mathbb{C},\ f \in C(\mathbb{R}/\mathbb{Z}))$.
- $\|f\|_2 \geqq 0$ であり，等号成立は $f = 0$ のみ.
- $\|f + g\|_2 \leqq \|f\|_2 + \|g\|_2$.

周期 1 の周期関数であるような $\mathbb{R}$ 上の複素数値関数の全体のうち，リーマン可積分関数のなす部分空間を $R(\mathbb{R}/\mathbb{Z})$ とおくと，$C(\mathbb{R}/\mathbb{Z}) \subset R(\mathbb{R}/\mathbb{Z})$ となる．この包含関係は稠密であるから，$C(\mathbb{R}/\mathbb{Z})$ の内積を，$R(\mathbb{R}/\mathbb{Z})$ に拡張することが可能である．ただし，ノルムに関する二つ目の条件は成り立たない．0 でない関数でも，積分値が 0 となれば，ノルムは 0 になるからである．

$C(\mathbb{R}/\mathbb{Z})$ の元 e_k $(k \in \mathbb{Z})$ を，次式で定義する．

$$e_k(x) = e^{2\pi ikx}.$$

計算するとすぐにわかるように，$\langle e_k, e_l \rangle = \delta_{k,l}$ である．

定理 3.1 （ベッセルの不等式） $\mathbb{R}$ 上の複素数値関数 $f(x)$ が，周期 1 の周期関数であり，区間 $[0,1]$ 上リーマン可積分であるとし，c_n を(3.2)で定義する．このとき，次の (1) (2) が成り立つ．

(1) 任意の自然数 n に対し，$\left\| f - \sum_{k=-n}^{n} c_k e_k \right\|_2^2 = \|f\|_2^2 - \sum_{k=-n}^{n} |c_k|^2.$

(2) $\displaystyle\sum_{k=-\infty}^{\infty} |c_k|^2 \leqq \int_0^1 |f(x)|^2 dx.$

証明　(1)　$g = \displaystyle\sum_{k=-n}^{n} c_k e_k$ とおく．このとき，

$$\begin{aligned}\langle f, g\rangle &= \sum_{k=-n}^{n} \overline{c_k}\langle f, e_k\rangle \\ &= \sum_{k=-n}^{n} \overline{c_k} c_k \\ &= \sum_{k=-n}^{n} |c_k|^2.\end{aligned}$$

また，

$$\begin{aligned}\langle g, g\rangle &= \sum_{k=-n}^{n} \overline{c_k}\langle g, e_k\rangle \\ &= \sum_{k=-n}^{n} |c_k|^2.\end{aligned}$$

であるから，

$$\begin{aligned}\|f-g\|_2^2 &= \langle f-g, f-g\rangle \\ &= \langle f, f\rangle - \langle f, g\rangle - \langle g, f\rangle + \langle g, g\rangle \\ &= \|f\|_2^2 - \sum_{k=-n}^{n} |c_k|^2 - \sum_{k=-n}^{n} |c_k|^2 + \sum_{k=-n}^{n} |c_k|^2 \\ &= \|f\|_2^2 - \sum_{k=-n}^{n} |c_k|^2.\end{aligned}$$

(2)　(1) より，$\displaystyle\sum_{k=-n}^{n} |c_k|^2 \leqq \|f\|_2^2$ であるから，$n \to \infty$ として結論を得る．Q.E.D.

ここで，フーリエ級数の収束に用いられる L^2 収束の概念を導入する．$f \in R(\mathbb{R}/\mathbb{Z})$ と $f_n \in R(\mathbb{R}/\mathbb{Z})$ $(n = 1, 2, 3, \cdots)$ が

$$\lim_{n\to\infty} \|f - f_n\|_2 = 0$$

を満たすとき，関数列 f_n は f に L^2 収束するという．これは，各点収束とは異なる．

実際，L^2 収束しないのに各点収束する例や，逆に，各点収束しないのに L^2 収束する例を，容易に構成[*1]できる．しかし，一様収束の概念は，L^2 収束を含むことが，次の命題でわかる．

命題 3.2　関数列 f_n が f に $[0.1]$ 上で一様収束していれば，f_n は f に L^2 収束する．

証明　一様収束しているので，任意の $\varepsilon > 0$ に対してある n_0 が存在して $n \geqq n_0$ なる任意の n に対し，

$$|f(x) - f_n(x)| < \varepsilon \qquad (x \in [0,1])$$

が成り立つ．よって，

$$\|f - f_n\|_2^2 = \int_0^1 |f(x) - f_n(x)|^2 dx < \varepsilon^2$$

となり，$\|f - f_n\|_2^2 < \varepsilon^2$ がわかる．　Q.E.D.

本節の主目標である定理 3.6 の証明は，目標とする関数 f に収束する具体的な関数列を見つけ，そのフーリエ係数を計算する方針による．その際に必要となる事実を，ここで示しておく．

補題 3.3　$\alpha < a < b < \beta$ とし，f を区間 $[\alpha, \beta]$ 上の実数値連続微分可能関数とする．$k \in \mathbb{R}$ に対し，

$$F(k) = \int_a^b f(x) \sin(kx) dx$$

とおく．このとき，次式が成り立つ．

$$\lim_{|k| \to \infty} F(k) = 0.$$

証明　$k \neq 0$ に対し，部分積分により

[*1] たとえば，A. Deitmar "A first course in harmonic analysis" (Springer) Exercise 1.4, 1.6 を参照．

$$F(k) = \left[-f(x)\frac{\cos(kx)}{k}\right]_a^b + \frac{1}{k}\int_a^b f'(x)\cos(kx)dx.$$

仮定より，f, f' はともに $[\alpha,\beta]$ 上で連続であるから，ある定数 $M>0$ が存在して，任意の $x\in[\alpha,\beta]$ に対して $|f(x)|\leqq M$ かつ $|f'(x)|\leqq M$ となる．よって，

$$|F(k)| \leqq \frac{2M}{|k|} + \frac{M(b-a)}{|k|} \longrightarrow 0 \qquad (|k|\to\infty)$$

となるので，証明が完了する．　Q.E.D.

補題 3.4　$0\leqq x\leqq 1$ に対し，次式が成り立つ．

$$\sum_{k=1}^{\infty}\frac{\cos 2\pi kx}{k^2} = \pi^2\left(x^2 - x + \frac{1}{6}\right).$$

証明　$0<x<1$ に対して知られた公式

$$\sum_{k=1}^{n}\cos(2\pi kx) = \frac{\sin((2n+2)\pi x)}{2\sin(\pi x)} - \frac{1}{2}$$

を用いて，

$$\begin{aligned}\sum_{k=1}^{n}\frac{\sin(2\pi kx)}{k} &= 2\pi\sum_{k=1}^{n}\int_{\frac{1}{2}}^{x}\cos(2\pi kt)dt \\ &= 2\pi\int_{\frac{1}{2}}^{x}\left(\frac{\sin((2n+2)\pi t)}{2\sin(\pi t)} - \frac{1}{2}\right)dt \\ &= 2\pi\int_{\frac{1}{2}}^{x}\frac{\sin((2n+2)\pi t)}{2\sin(\pi t)}dt - \pi\left(x - \frac{1}{2}\right).\end{aligned}$$

右辺第 1 項は，補題 3.3 によって，$n\to\infty$ のときに 0 に収束するから，

$$\lim_{n\to\infty}\sum_{k=1}^{n}\frac{\sin(2\pi kx)}{k} = -\pi\left(x - \frac{1}{2}\right)$$

となる．この収束は広義一様である．

$f(x) = \sum_{k=1}^{\infty}\frac{\cos 2\pi kx}{k^2}$ とおくと，今示した広義一様収束より，$f'(x) = \pi^2(2x-1)$ となり，広義一様性から両辺を積分した $f(x) = \pi^2(x^2 - x + c)$ が，ある定数 c に対して成り立つ．

あとは，$c = 1/6$ を示せば良い．f の定義式は $[0,1]$ 上で一様収束であり，任意の $k \in \mathbb{Z}$ に対して $\int_0^1 \cos(2\pi kx)dx = 0$ であるから，

$$0 = \sum_{k=1}^{\infty} \int_0^1 \frac{\cos(2\pi kx)}{k^2} dx = \int_0^1 f(x)dx = \pi^2 \left(\frac{1}{3} - \frac{1}{2} + c\right) = \pi^2 \left(c - \frac{1}{6}\right) = 0.$$

よって，$c = 1/6$. Q.E.D.

補題 3.4 は，とくに，$x = 0$ のとき，以下の**オイラーの公式**を与えている．

$$\sum_{k=1}^{\infty} \frac{1}{k^2} = \frac{\pi^2}{6}. \tag{3.3}$$

区間 $[0,1]$ の部分集合 A に対し，**特性関数**を，

$$\mathbf{1}_A(x) = \begin{cases} 1 & (x \in A) \\ 0 & (x \notin A) \end{cases}$$

で定義する．$I_1, \cdots, I_m$ を，$[0,1]$ の部分区間で，それぞれが開区間，閉区間，半開区間のいずれかであるとするとき，それらの特性関数の一次結合の形をした関数，すなわち，ある実係数 α_j によって

$$s(x) = \sum_{j=1}^{m} \alpha_j \mathbf{1}_{I_j}(x) \tag{3.4}$$

と表される関数 $s(x)$ を，**階段関数**と呼ぶ．

リーマン積分とは，まず，階段関数(3.4)に対して

$$\int_0^1 s(x)dx = \sum_{j=1}^{m} \alpha_j \times (I_j\text{の区間の幅})$$

で定義される．$[0,1]$ 上の実数値関数 f が**リーマン可積分**であるとは，任意の $\varepsilon > 0$ に対し，階段関数 φ, ψ が存在して，任意の $x \in [0,1]$ に対し $\varphi(x) \leqq f(x) \leqq \psi(x)$ が成り立ち，かつ，

$$\int_0^1 (\psi(x) - \varphi(x))dx < \varepsilon$$

となることである．このとき，$\varepsilon \to 0$ とすると，$\int_0^1 \psi(x)dx$, $\int_0^1 \varphi(x)dx$ は同じ値

に収束するので，その値を $\int_0^1 f(x)dx$ と定義する．

f が複素数値のときは，f の実部と虚部の各々がリーマン可積分であるとき，リーマン可積分であると定義する．

補題 3.5　f を $\mathbb{R}$ 上の実数値関数で，周期 1 の周期関数とする．f の区間 $[0,1]$ への制限が階段関数であるならば，f のフーリエ級数は f に L^2 収束する．すなわち，級数

$$f_n = \sum_{k=-n}^{n} c_k e_k$$

は，$n \to \infty$ のとき，f に L^2 収束する．ただし，

$$c_k = \int_0^1 f(x) e^{-2\pi ikx} dx$$

である．

証明　定理 3.1（1）により，

$$\|f\|_2^2 = \sum_{k=-\infty}^{\infty} |c_k|^2$$

を示せば良い．はじめに，ある $a \in [0,1]$ に対して $f|_{[0,1]} = \mathbf{1}_{[0,a]}$ の場合を考える．このとき

$$c_k = \begin{cases} a & (k=0) \\ \displaystyle\int_0^a e^{-2\pi ikx} dx = \frac{i(e^{-2\pi ika}-1)}{2\pi k} & (k \neq 0) \end{cases}$$

である．$k \neq 0$ のとき

$$|c_k|^2 = \frac{1}{4\pi^2 k^2}(e^{-2\pi ika}-1)(e^{2\pi ika}-1) = \frac{1-\cos(2\pi ka)}{2\pi^2 k^2}.$$

よって，補題 3.4 により，

$$\begin{aligned} \sum_{k=-\infty}^{\infty} |c_k|^2 &= a^2 + \sum_{k=1}^{\infty} \frac{1-\cos(2\pi ka)}{\pi^2 k^2} \\ &= a^2 + \sum_{k=1}^{\infty} \frac{1}{\pi^2 k^2} - \frac{1}{\pi^2} \sum_{k=1}^{\infty} \frac{\cos(2\pi ka)}{k^2} \end{aligned}$$

$$
\begin{aligned}
&= a^2 + \frac{1}{6} - \left(a^2 - a + \frac{1}{6}\right) \\
&= a \\
&= \int_0^1 |f(x)|^2 dx \\
&= \|f\|_2^2.
\end{aligned}
$$

これで，$f = \mathbf{1}_{[0,a]}$ のときに証明が完了した．

次に，$[0,a]$ の任意の部分区間 I に対して $f = \mathbf{1}_I$ の場合に証明する．I が開区間，閉区間，半開区間のいずれであっても，フーリエ係数は変わらない．また，平行移動を合成しても，周期的でリーマン可積分である性質は変わらない．なぜなら，$f_y(x) = f(x+y)$ とおくとき，f_y のフーリエ係数を d_k とおくと，

$$
\begin{aligned}
d_k &= \int_0^1 f_y(x) e^{-2\pi ikx} dx \\
&= \int_0^1 f(x+y) e^{-2\pi ikx} dx \\
&= \int_y^{1+y} f(x) e^{-2\pi ik(x-y)} dx \\
&= e^{2\pi iky} \int_y^{1+y} f(x) e^{-2\pi ikx} dx = e^{2\pi iky} c_k
\end{aligned}
$$

となるからである．この計算結果より，$|c_k| = |d_k|$ であり，積分区間を $[0,1]$ の代わりに $[y, 1+y]$ としても，結論に影響はないことがわかる．したがって，先ほど得た $[0,a]$ に対する結論より，任意の I に対しても結論が成り立つことがわかる．

最後に，任意の階段関数は，区間 I の特性関数 $\mathbf{1}_I$ の一次結合であるから，線形性によってすべての場合に補題が示された． Q.E.D.

定理 3.6 $\mathbb{R}$ 上の複素数値関数 $f(x)$ が，周期 1 の周期関数であり，区間 $[0,1]$ 上リーマン可積分であるとき，$f(x)$ のフーリエ級数は $f(x)$ に L^2 収束する．

証明 複素数値関数を実部と虚部に分けて，$f = u + iv$ とおく．f のフーリエ級数の第 n 部分和は，u, iv の第 n 部分和の結合で書けるので，u, v の各々につい

て定理を示せば十分である．したがって，f が実数値の場合に示せば良い．さらに，$\int_0^1 |f(x)|dx < \infty$ の仮定より，f は有界であるから，必要なら適当な定数倍を施して $|f(x)| \leqq 1$ と仮定して良い．

f はリーマン可積分なので，ある $\varepsilon > 0$ と階段関数 φ, ψ が存在して

$$-1 \leqq \varphi \leqq f \leqq \psi \leqq 1 \qquad \text{かつ} \qquad \int_0^1 (\psi(x) - \varphi(x))dx \leqq \frac{\varepsilon^2}{8}.$$

ここで，$g = f - \varphi$ とおくと，$g \geqq 0$ であり，

$$|g|^2 \leqq |\psi - \varphi|^2 \leqq 2(\psi - \varphi)$$

より，

$$\int_0^1 |g(x)|^2 dx \leqq 2\int_0^1 (\psi(x) - \varphi(x))dx \leqq \frac{\varepsilon^2}{4}.$$

f, g, φ, ψ のフーリエ級数の第 n 部分和をそれぞれ $f_n, g_n, \varphi_n, \psi_n$ とおく．補題 3.5 より，ある n_0 が存在して，任意の $n \geqq n_0$ に対して

$$\|\varphi - \varphi_n\|_2 \leqq \frac{\varepsilon}{2}.$$

定理 3.1（1）より，

$$\|g - g_n\|_2^2 \leqq \|g\|_2^2 \leqq \frac{\varepsilon^2}{4}.$$

したがって，$n \geqq n_0$ に対して

$$\|f - f_n\|_2 \leqq \|\varphi - \varphi_n\|_2 + \|g - g_n\|_2 \leqq \frac{\varepsilon}{2} + \frac{\varepsilon}{2} = \varepsilon.$$

Q.E.D.

定理 3.6 の主張は L^2 収束であるから，各点において関数の値が収束するかどうかについては，わからない．しかしながら，f がある条件下で連続微分可能であるという仮定を満たせば，各点においても収束することがわかる．この事実を，次の定理として述べる．

実数上の複素数値関数で，周期 1 の周期関数であるような f が，区分的に連続微分可能であるとは，ある実数列 $0 = t_0 < t_1 < \cdots < t_r = 1$ が存在して，各 j に対して関数 $f|_{(t_{j-1}, t_j)}$ が連続微分可能なことである．

定理 3.7 実数上の複素数値連続関数で，周期 1 の周期関数であるような f が，区分的に連続微分可能であるならば，f のフーリエ級数は f に一様収束する．

証明 f が定理の仮定を満たすとし，c_k をフーリエ係数とする．連続関数 $\varphi_j : [t_{j-1}, t_j] \to \mathbb{C}$ を，その定義域における f の導関数 $f'|_{[t_{j-1},t_j]}$ とし，関数 φ を

$$\varphi(x) = \varphi_j(x) \qquad (x \in [t_{j-1}, t_j),\ j = 1, 2, 3, \cdots)$$

と定義する．φ のフーリエ係数を γ_k とおくと，定理 3.1 より

$$\sum_{k=-\infty}^{\infty} |\gamma_k|^2 \leqq \|\varphi\|_2^2 < \infty \tag{3.5}$$

が成り立つ．部分積分により，

$$\int_{t_{j-1}}^{t_j} f(x)e^{-2\pi ikx}dx = \left[-\frac{1}{2\pi ik}f(x)e^{-2\pi ikx}\right]_{t_{j-1}}^{t_j} + \frac{1}{2\pi ik}\int_{t_{j-1}}^{t_j} \varphi(x)e^{-2\pi ikx}dx.$$

この式を $k = 1, 2, 3, \cdots, r$ について加えることにより，

$$c_k = \int_0^1 f(x)e^{-2\pi ikx}dx = \frac{1}{2\pi ik}\int_0^1 \varphi(x)e^{-2\pi ikx}dx = \frac{\gamma_k}{2\pi ik}.$$

一般に，任意の 2 つの複素数 α, β に対し，$0 \leqq (|\alpha| - |\beta|)^2 = |\alpha|^2 + |\beta|^2 - 2|\alpha\beta|$ より $|\alpha\beta| \leqq \dfrac{1}{2}(|\alpha|^2 + |\beta|^2)$ が成り立つから，上式より

$$|c_k| \leqq \frac{1}{2\pi}\left(\frac{1}{k^2} + |\gamma_k|^2\right)$$

が成り立つ．(3.3) および (3.5) により，

$$\sum_{k=-\infty}^{\infty} |c_k| < \infty$$

となる．よって，次に証明する補題 3.8 により，一様収束が示される．　Q.E.D.

補題 3.8 実数上の複素数値連続関数 f が，周期 1 の周期関数であり，そのフーリエ係数 c_k が

$$\sum_{k=-\infty}^{\infty} |c_k| < \infty$$

を満たすならば，フーリエ級数は f に一様収束する．とくに，任意の $x \in \mathbb{R}$ に対して

$$f(x) = \sum_{k=-\infty}^{\infty} c_k e^{2\pi ikx}$$

が成り立つ．

証明　仮定より，級数

$$\sum_{k=-\infty}^{\infty} c_k e^{2\pi ikx}$$

は一様収束するので，この極限を $g(x)$ とおく．$g(x)$ は，連続関数の一様収束極限であるから，連続である．一方，フーリエ級数は f に L^2 収束するので，

$$\|f - g\|_2 = 0$$

が成り立つ．f, g がともに連続であるから，ノルムの定義（非負性）により，$f = g$ でなくてはならない．

Q.E.D.

3.2　ポアソン和公式

本節では，セルバーグ積公式の源ともいえるポアソン和公式を証明する．

はじめに，フーリエ変換を定義する．実数値関数 $f(x)$ に対し，f のフーリエ変換とは，次の定積分で表される新しい実数値関数 $\widehat{f}(y)$ であると定義する．

$$\widehat{f}(y) = \int_{-\infty}^{\infty} f(x)e^{-2\pi ixy}dx. \tag{3.6}$$

これは広義積分だから，収束性が問題となる．そこで，フーリエ変換 $\widehat{f}$ を考える際には，実数値関数 f が

$$\int_{-\infty}^{\infty} |f(x)|dx < \infty$$

を満たすことを仮定する．この仮定を満たすような関数 f の集合を $L^1(\mathbb{R})$ と書く．$f \in L^1(\mathbb{R})$ の下では

$$\begin{aligned}\left|\widehat{f}(y)\right| &= \left|\int_{-\infty}^{\infty} f(x)e^{-2\pi ixy}dx\right| \\ &\leqq \int_{-\infty}^{\infty} \left|f(x)e^{-2\pi ixy}\right| dx \\ &= \int_{-\infty}^{\infty} |f(x)|dx \\ &< \infty\end{aligned}$$

となり，いつでも広義積分(3.6)は収束し，$\widehat{f}(y)$ は存在する．

実数値関数 $f(x)$ が有界変動であるとは，定義域の任意の分割 $\{x_n\}$ に対し，

$$\sum_n |f(x_{n+1}) - f(x_n)|$$

が有界であることを意味する．これは，f が連続の場合，極大値とそれに隣接する極小値の差を，すべての極値にわたって加えた和（これが「変動」である）が有界ということを意味する．

定理 3.9（ポアソン和公式） 実数値関数 $f, \widehat{f}$ が，ともに $L^1(\mathbb{R})$ に属し，かつ有界変動とする．このとき，

$$\sum_{m\in\mathbb{Z}} f(m) = \sum_{n\in\mathbb{Z}} \widehat{f}(n) \tag{3.7}$$

が成り立つ．

証明 関数 f は必ずしも周期関数ではないが，新しい関数 g を

$$g(x) = \sum_{m\in\mathbb{Z}} f(x+m)$$

と定義すると，g は周期 1 となる（$f \in L^1(\mathbb{R})$ より，この和は収束する）．したがって，3.1 節で述べたことから，g はフーリエ展開を持ち，

$$g(x) = \sum_{n=-\infty}^{\infty} a_n e^{2\pi inx}$$

とおける．この式で $x=0$ と置くと

$$g(0) = \sum_{n=-\infty}^{\infty} a_n$$

となるが，一方，g の定義で $x=0$ とおくと

$$g(0)=\sum_{m\in\mathbb{Z}}f(m)$$

となる．したがって，

$$\sum_{m\in\mathbb{Z}}f(m)=\sum_{n=-\infty}^{\infty}a_n$$

が成り立つので，定理を証明するには，各 n に対し

$$a_n=\widehat{f}(n)$$

が証明できれば良い．これは次のようにして示される．

$$\begin{aligned}
\widehat{f}(n)&=\int_{-\infty}^{\infty}f(x)e^{-2\pi inx}dx\\
&=\int_0^1\sum_{m\in\mathbb{Z}}f(x+m)e^{-2\pi in(x+m)}dx\\
&=\int_0^1 g(x)e^{-2\pi inx}dx\\
&=\int_0^1\sum_{k=-\infty}^{\infty}a_ke^{2\pi ikx}e^{-2\pi inx}dx\\
&=\sum_{k=-\infty}^{\infty}a_k\int_0^1 e^{2\pi i(k-n)x}dx\\
&=\sum_{k=-\infty}^{\infty}a_k\times\begin{cases}\displaystyle\int_0^1 1dx & (k=n)\\ \left[\dfrac{e^{2\pi i(k-n)x}}{2\pi i(k-n)}\right]_0^1 & (k\neq n)\end{cases}\\
&=\sum_{k=-\infty}^{\infty}a_k\times\begin{cases}1 & (k=n)\\ 0 & (k\neq n)\end{cases}\\
&=a_n.
\end{aligned}$$

Q.E.D.

以下にみるように $f(x)$ は決まった関数ではなく，いろいろな関数を取るたびにポアソン和公式として新たな内容の等式が得られるものである．このような f をテスト関数と呼ぶ．この用語は後ほどセルバーグ跡公式を扱う際にも，同様の意味で用いる．

[例 1] $f(x) = \max\left\{\frac{1}{2} - |x|,\ 0\right\}.$

このとき，ポアソン和公式の左辺は

$$\sum_{|n|<\frac{1}{2}} \left(\frac{1}{2} - |n|\right) = \frac{1}{2}.$$

一方，右辺は $y = 0$ かどうかによって異なる．$y = 0$ のときは

$$\widehat{f}(0) = \int_{-\infty}^{\infty} f(x)dx = \int_{-\frac{1}{2}}^{\frac{1}{2}} \left(\frac{1}{2} - |x|\right) dx = \frac{1}{4}$$

である．$y \neq 0$ のときは

$$\begin{aligned}
\widehat{f}(y) &= \int_{-\infty}^{\infty} f(x)e^{-2\pi ixy}dx \\
&= \int_{-\frac{1}{2}}^{\frac{1}{2}} \left(\frac{1}{2} - |x|\right) e^{-2\pi ixy}dx \\
&= \int_{-\frac{1}{2}}^{0} \left(\frac{1}{2} + x\right) e^{-2\pi ixy}dx + \int_{0}^{\frac{1}{2}} \left(\frac{1}{2} - x\right) e^{-2\pi ixy}dx \\
&= \left[\frac{\frac{1}{2} + x}{-2\pi iy} e^{-2\pi ixy}\right]_{-\frac{1}{2}}^{0} - \int_{-\frac{1}{2}}^{0} \frac{e^{-2\pi ixy}}{-2\pi iy}dx \\
&\qquad + \left[\frac{\frac{1}{2} - x}{-2\pi iy} e^{-2\pi ixy}\right]_{0}^{\frac{1}{2}} + \int_{0}^{\frac{1}{2}} \frac{e^{-2\pi ixy}}{-2\pi iy}dx \\
&= \left[\frac{e^{-2\pi ixy}}{(2\pi y)^2}\right]_{-\frac{1}{2}}^{0} - \left[\frac{e^{-2\pi ixy}}{(2\pi y)^2}\right]_{0}^{\frac{1}{2}} \\
&= \frac{2 - e^{\pi iy} - e^{-\pi iy}}{(2\pi y)^2} \\
&= -\frac{(e^{\frac{\pi iy}{2}} - e^{-\frac{\pi iy}{2}})^2}{(2\pi y)^2}
\end{aligned}$$

$$= -\frac{(2i\sin\frac{\pi y}{2})^2}{(2\pi y)^2}$$
$$= \left(\frac{\sin\frac{\pi y}{2}}{\pi y}\right)^2$$

となる．$y = m$（整数）のときには，

$$\sin^2\frac{\pi m}{2} = \begin{cases} 0 & (m\text{ が偶数}) \\ 1 & (m\text{ が奇数}) \end{cases}$$

だから，ポアソン和公式の右辺は，

$$\frac{1}{4} + 2\sum_{\substack{m\geqq 1\\ \text{奇数}}}\left(\frac{1}{\pi m}\right)^2 = \frac{1}{4} + \frac{2}{\pi^2}\sum_{\substack{m\geqq 1\\ \text{奇数}}}\frac{1}{m^2}$$

となる．

上で得た左辺と右辺を結んでみると，ポアソン和公式は

$$\frac{1}{2} = \frac{1}{4} + \frac{2}{\pi^2}\sum_{\substack{m\geqq 1\\ \text{奇数}}}\frac{1}{m^2}.$$

となる．これを整理すると

$$\sum_{\substack{m\geqq 1\\ \text{奇数}}}\frac{1}{m^2} = \frac{\pi^2}{8}$$

となる．これを用いると，オイラーの公式(3.3)の証明を，再び次のように得ることができる．

$$\zeta(2) = \sum_{n=1}^{\infty}\frac{1}{n^2}$$
$$= \sum_{\substack{n\geqq 1\\ \text{偶数}}}\frac{1}{n^2} + \sum_{\substack{n\geqq 1\\ \text{奇数}}}\frac{1}{n^2}$$
$$= \sum_{k=1}^{\infty}\frac{1}{(2k)^2} + \frac{\pi^2}{8}$$
$$= \frac{1}{4}\sum_{k=1}^{\infty}\frac{1}{k^2} + \frac{\pi^2}{8}$$

$$= \frac{1}{4}\zeta(2) + \frac{\pi^2}{8}$$

よって

$$\frac{3}{4}\zeta(2) = \frac{\pi^2}{8}.$$

したがって

$$\zeta(2) = \frac{\pi^2}{6}.$$

[例 2]　$f(x) = e^{-2\pi|x|}$.

このとき，

$$\begin{aligned}
\widehat{f}(y) &= \int_{-\infty}^{\infty} f(x)e^{-2\pi ixy}dx \\
&= \int_{-\infty}^{0} e^{2\pi x}e^{-2\pi ixy}dx + \int_{0}^{\infty} e^{-2\pi x}e^{-2\pi ixy}dx \\
&= \int_{-\infty}^{0} e^{2\pi(1-iy)x}dx + \int_{0}^{\infty} e^{-2\pi(1+iy)x}dx \\
&= \left[\frac{e^{2\pi(1-iy)x}}{2\pi(1-iy)}\right]_{-\infty}^{0} + \left[\frac{e^{-2\pi(1+iy)x}}{2\pi(1+iy)}\right]_{0}^{\infty} \\
&= \frac{1}{2\pi(1-iy)} + \frac{1}{2\pi(1+iy)} \\
&= \frac{1}{\pi(1+y^2)}.
\end{aligned}$$

より，

$$\widehat{f}(y) = \frac{1}{\pi(1+y^2)}$$

となる．よって，ポアソン和公式は

$$\sum_{m\in\mathbb{Z}} e^{-2\pi|m|} = \sum_{n\in\mathbb{Z}} \frac{1}{\pi(1+n^2)}$$

となる．

左辺は等比数列の和だから以下のように計算できる．

$$\sum_{m\in\mathbb{Z}} e^{-2\pi|m|} = 1 + 2\sum_{m=1}^{\infty} e^{-2\pi m} = 1 + \frac{2e^{-2\pi}}{1-e^{-2\pi}} = \frac{1+e^{-2\pi}}{1-e^{-2\pi}}.$$

よって，ポアソン和公式から，以下の結論が得られる．

$$\pi\frac{e^{\pi}-e^{-\pi}}{e^{\pi}+e^{-\pi}} = \sum_{m\in\mathbb{Z}}\frac{1}{m^2+1}.$$

[例3]　$f(x) = e^{-\pi x^2}$.

このとき，

$$\widehat{f}(y) = e^{-\pi y^2}.$$

となるから，ポアソン和公式は

$$\sum_{n\in\mathbb{Z}} e^{2\pi inx}e^{-\pi n^2/y} = \sqrt{y}\sum_{m\in\mathbb{Z}} e^{-\pi(m+x)^2 y}$$

となる．

たとえば $x=0$ のとき，これは

$$\sum_{n\in\mathbb{Z}} e^{-\pi n^2/y} = \sqrt{y}\sum_{m\in\mathbb{Z}} e^{-\pi m^2 y}$$

となる．これはテータ変換公式であり，リーマン・ゼータ関数の関数等式の証明で用いられるなど，ゼータ関数論では重要な役割を果たす．

3.3　セルバーグ跡公式の骨格

本節では，跡公式とはどういうものであるか，その発想を解説する．着想の根幹は，線形代数学で学ぶ正方行列の跡に関する公式

$$（対角成分の和）＝（固有値の和）\tag{3.8}$$

である．これは，$n\times n$ 行列 A のトレース（跡）を2通りに表した式であった．

$n\times n$ 行列 A は，n 次元ユークリッド空間 $\mathbb{R}^n$ に作用する．すなわち，A の i 行

j 列成分を $a_{i,j}$ で表すと， $\begin{pmatrix} x_1 \\ \vdots \\ x_n \end{pmatrix} \in \mathbb{R}^n$ に対し，

$$\begin{pmatrix} a_{1,1} & \cdots & a_{1,n} \\ \vdots & \ddots & \vdots \\ a_{n,1} & \cdots & a_{n,n} \end{pmatrix} \begin{pmatrix} x_1 \\ \vdots \\ x_n \end{pmatrix} = \begin{pmatrix} a_{1,1}x_1 + a_{1,2}x_2 + \cdots + a_{1,n}x_n \\ \vdots \\ a_{n,1}x_1 + a_{n,2}x_2 + \cdots + a_{n,n}x_n \end{pmatrix}$$

すなわち

$$A \begin{pmatrix} x_1 \\ \vdots \\ x_n \end{pmatrix} = \begin{pmatrix} \sum_{j=1}^{n} a_{1,j}x_j \\ \vdots \\ \sum_{j=1}^{n} a_{n,j}x_j \end{pmatrix} \tag{3.9}$$

となっている．

このように，A を単なる行列というよりも，ベクトルに作用する作用素とみると，(3.8) は次のように解釈できる．まず A のトレースを内積の和で

$$\mathrm{tr}A = \sum_{j=1}^{n} \langle \boldsymbol{x}_j, A\boldsymbol{x}_j \rangle \tag{3.10}$$

と改めて定義する．ここに $\boldsymbol{x}_j$ $(j = 1, 2, \cdots, n)$ は $\mathbb{R}^n$ の正規直交基底であるとする．この定義が正規直交基底 $\boldsymbol{x}_j$ の取り方によらないことは，線形代数学の基本的な定理である．それを用いると，式(3.8)をよりよく解釈できる．

実際，標準基底

$$\boldsymbol{x}_1 = \begin{pmatrix} 1 \\ 0 \\ \vdots \\ 0 \end{pmatrix}, \quad \boldsymbol{x}_2 = \begin{pmatrix} 0 \\ 1 \\ \vdots \\ 0 \end{pmatrix}, \quad \cdots, \quad \boldsymbol{x}_n = \begin{pmatrix} 0 \\ 0 \\ \vdots \\ 1 \end{pmatrix}$$

を選ぶと，

$$\mathrm{tr}A = \sum_{j=1}^{n} a_{j,j} \tag{3.11}$$

となり，(3.10) は(3.8)の左辺を表す．一方，A が対角化可能であるとすると，$\boldsymbol{x}_j$ として A の固有ベクトルからなる $\mathbb{R}^n$ の基底を取ることができるが，このとき $A\boldsymbol{x}_j =$

$\lambda_j \boldsymbol{x}_j$ とおくと,

$$\mathrm{tr}A = \sum_{j=1}^{n} \langle \boldsymbol{x}_j, A\boldsymbol{x}_j \rangle = \sum_{j=1}^{n} \langle \boldsymbol{x}_j, \lambda_j \boldsymbol{x}_j \rangle = \sum_{j=1}^{n} \lambda_j \langle \boldsymbol{x}_j, \boldsymbol{x}_j \rangle = \sum_{j=1}^{n} \lambda_j |\boldsymbol{x}_j|^2 = \sum_{j=1}^{n} \lambda_j$$

となり,(3.10)は(3.8)の右辺を表す.こうして(3.8)は

$$\sum_{j=1}^{n} a_{j,j} = \sum_{j=1}^{n} \lambda_j \tag{3.12}$$

の形に表される.

このように,跡公式の着想の根幹である(3.8)は,トレース(跡)の定義(3.11)において正規直交基底 $\boldsymbol{x}_j$ を2通りに取ったものであると考えられる.

3.4　積分作用素の跡

本節では,前節で扱った行列の次数が無限大であり,添え字 i, j が連続的に変化する場合を考えてみる.そのため,記号 i を連続変数 z に書き換え,j を w に書き換える.すると,行列 $A = (a_{i,j})$ は2変数関数 $k(z, w)$ に書き換えられる.また,縦ベクトル $\begin{pmatrix} x_1 \\ \vdots \\ x_n \end{pmatrix}$ は1変数関数 $f(w)$ に書き換えられる.このように連続版を考えたとき,先ほどの行列 A の作用に相当するものを L と書き,変数 z, w が動く空間を X とおくと,上式(3.9)における右辺の和 $\sum_{j=1}^{n}$ は,変数 $w \in X$ に関する積分になるから,上式(3.9)の第 i 成分(すなわち第 z 成分に相当する式)は,

$$Lf(z) = \int_X k(z, w) f(w) dw \tag{3.13}$$

となる(本書で主として扱うのは $X = H$ の場合である.一般に,X は**普遍被覆空間**と呼ばれるものであり,X を多様体 M の基本群 $\Gamma = \pi_1(M)$ で割ることにより,$M = \Gamma \backslash X$ を得る).この L という操作は,f という1変数関数に k という2変数関数をかけて積分し,新たな1変数関数 Lf を作り出す操作であることがわかる.

X が双曲平面 H であり,dw が定理2.1で与えた H の右不変測度 $d\mu(w)$ であるとき,(3.13)は,(2.1)で定義した積分作用素に一致する.

以上の説明でわかるように,積分作用素 L は行列 A を連続無限次に拡張したもの

であると言ってよい．実は，この L に対し，先ほどの着想

$$(\text{対角成分の和}) = (\text{固有値の和}) \tag{3.14}$$

を書き下したものが，セルバーグ跡公式なのだが，詳しい説明に入る前に，2 変数関数 $k(z,w)$ に関して必要な仮定を導入しておこう．跡公式（Trace Formula, TF）を考える場合には，次の 3 条件を仮定するものとする．

（TF1） $k(z,w)$ は，z, w 間の距離 $|z-w|$ のみによる．すなわち，ある 1 変数関数 $h(t)$ を用いて $k(z,w)=h(|z-w|)$ と表せる．

（TF2） 今考えている多様体の基本群を Γ と置く．すなわち，今考えている多様体は $\Gamma\backslash X$ と表されるとする．このとき，$k(z,w)$ は Γ 不変である．すなわち，任意の $\gamma\in\Gamma$ と任意の $z,w\in X$ に対し，

$$k(z,w)=k(\gamma z,\gamma w)$$

が成立する．

（TF3） 前項のように Γ をおくとき，k すなわち L が作用する関数 f は Γ 不変である．すなわち，任意の $\gamma\in\Gamma$ と任意の $z\in X$ に対し，

$$f(z)=f(\gamma z)$$

が成立する．

X が等質空間として G/K の表示を持つ場合，（TF1）は，命題 2.2 でみた「k の G 不変性」にほかならない．これに相当する性質を，積分作用素 L から行列 A に戻して考えれば，（TF1）は，A の成分が差 $i-j$ のみによることに相当する．特に h が偶関数ならば A は対称行列であり，かつ，成分が対角線からのずれのみによる形のもの，たとえば

$$A=\begin{pmatrix} \times & \bigcirc & \triangle & \cdots & \cdots \\ \bigcirc & \times & \bigcirc & \triangle & \cdots \\ \triangle & \bigcirc & \times & \bigcirc & \ddots \\ \vdots & \triangle & \bigcirc & \times & \ddots \\ & & \ddots & \ddots & \ddots \end{pmatrix}$$

のような形であることに相当している．

（TF2）と（TF3）は，関数 $k(z,w)$ と $f(z)$ が，普遍被覆空間 X 上の関数であるばかりでなく，多様体 $\Gamma\backslash X$ 上の関数にもなっていることを意味している．

（TF1）～（TF3）の下，(3.13)をさらに計算してみよう．普遍被覆空間 X の任意の元 w は，多様体すなわち基本領域 $\Gamma\backslash X$ の点 z_0 と基本群の元 $\gamma\in\Gamma$ を用いて

$$w=\gamma z_0$$

と表すことができ，この表し方は一意的である（これが基本領域の定義であった）．したがって，$w\in X$ にわたる積分は，

$$Lf(z)=\sum_{\gamma\in\Gamma}\int_{\Gamma\backslash X}k(z,\gamma z_0)f(\gamma z_0)dz_0$$

のように書き換えられる．さらに（TF3）により

$$Lf(z)=\sum_{\gamma\in\Gamma}\int_{\Gamma\backslash X}k(z,\gamma z_0)f(z_0)dz_0$$

となる．ここまで来れば混乱の恐れがないので，記号 z_0 を改めて w と置きなおすと，

$$Lf(z)=\sum_{\gamma\in\Gamma}\int_{\Gamma\backslash X}k(z,\gamma w)f(w)dw \tag{3.15}$$

となる．

ここで跡公式の原型であった(3.14)を計算する．左辺の「対角成分の和」とは $i=j$ に限定した和であったから，$z=w$ に限定した積分となり，対角積分

$$\sum_{\gamma\in\Gamma}\int_{\Gamma\backslash X}k(z,\gamma z)dz$$

となる．したがって(3.14)は

$$\sum_{\gamma\in\Gamma}\int_{\Gamma\backslash X}k(z,\gamma z)dz=(\text{固有値の和}) \tag{3.16}$$

という形になる．この両辺を具体的に計算したものが，いわゆるセルバーグ跡公式である．

そしてここでも行列の場合と同様，跡公式は関数空間の基底を2通りに取って各々の場合にトレースを計算し，等号でつないだものであるとみなせる．その基底とは，

(3.16)の右辺においては固有関数たちであり，左辺においては 標準基底を連続無限次元に拡張したものである．標準基底は，特定の一つの第 i 成分のみ 1，他のすべての成分が 0 というベクトルからなっていたが，これを連続無限次元に拡張すれば，特定の一つの値 z のときのみ値が存在し，他のすべての値に対しては 0 ということになる．これは，z の一点でのみ瞬間的な値[*2]を取る関数であり，δ-関数と呼ばれる．

3.5 跡公式としてのポアソン和公式

本節では，跡公式(3.16)を，$X=\mathbb{R}$, $\Gamma=\mathbb{Z}$ の場合に，具体的に計算することにより，ポアソン和公式を得る．この場合の基本領域は

$$\mathbb{Z}\backslash\mathbb{R}=[0,1)$$

であるから，(3.16) の左辺の積分区間は 0 から 1 までとなる．γ は整数であり，γ の z への作用は平行移動だから記号 γz は $z+\gamma$ を表している．以上より (3.16) の左辺は

$$\sum_{\gamma\in\mathbb{Z}}\int_0^1 k(z,z+\gamma)dz$$

となるが，(TF1) より，

$$k(z,z+\gamma)=h(z+\gamma-z)=h(\gamma)$$

であるから，これは z によらない．したがって (3.16) は

$$\sum_{\gamma\in\mathbb{Z}}h(\gamma)=(\text{固有値の和})$$

となる．

次に，右辺を計算する．そのためには作用素 L の固有値を求めたい．L の定義をこの場合に当てはめてもう一度書いてみると，

$$Lf(z)=\int_0^1\sum_{\gamma\in\mathbb{Z}}h(w-z-\gamma)f(w)dw$$

となる．ここで，w の関数

$$\sum_{\gamma\in\mathbb{Z}}h(w-z-\gamma)$$

---

*2 瞬間的な値については，P. ナーイン著『オイラー博士の素敵な数式』（日本評論社）第 5 章に詳しい．

は，周期 1 の周期関数だから，定理 3.6 によりフーリエ級数が L^2 収束し，h が区分的に連続微分可能という条件下では，定理 3.7 により，一様収束するようなフーリエ級数に展開できる．フーリエ係数を a_n と置くと，

$$\sum_{\gamma\in\mathbb{Z}} h(w-z-\gamma) = \sum_{n\in\mathbb{Z}} a_n e^{2\pi in(w-z)}$$

と表せる．すると L は

$$Lf(z) = \int_0^1 \sum_{n\in\mathbb{Z}} a_n e^{2\pi in(w-z)} f(w)dw$$

となる．これを用いると，L の固有関数が $f(z) = e^{-2\pi imz}$（m は任意の整数）によって与えられることが，次の計算でわかる．

$$\begin{aligned}
Le^{-2\pi imw} &= \int_0^1 \sum_{n\in\mathbb{Z}} a_n e^{2\pi in(w-z)} e^{-2\pi imw} dw \\
&= \sum_{n\in\mathbb{Z}} a_n e^{-2\pi inz} \int_0^1 e^{2\pi i(n-m)w} dw \\
&= \sum_{n\in\mathbb{Z}} a_n e^{-2\pi inz} \times \begin{cases} 1 & (n=m) \\ \left[\dfrac{e^{2\pi i(n-m)w}}{2\pi i(n-m)}\right]_0^1 & (n\neq m) \end{cases} \\
&= \sum_{n\in\mathbb{Z}} a_n e^{-2\pi inz} \times \begin{cases} 1 & (n=m) \\ 0 & (n\neq m) \end{cases} \\
&= a_m e^{-2\pi imz}.
\end{aligned}$$

よって，L の固有関数は $e^{-2\pi imz}$ $(m\in\mathbb{Z})$ であり，固有値はフーリエ係数 a_m である．条件（TF3）から，$f(z)$ は周期 1 の周期関数であるから定理 3.6 よりフーリエ展開を持ち，このことから，L の固有関数が今求めた $e^{-2\pi imz}$ $(m\in\mathbb{Z})$ 以外にないこともわかる．これより，跡公式 (3.16) は

$$\sum_{\gamma\in\mathbb{Z}} h(\gamma) = \sum_{m\in\mathbb{Z}} a_m$$

となる．ここで，a_n は関数 $h(t)$ から作った周期関数

$$\sum_{\gamma\in\mathbb{Z}} h(t+\gamma)$$

のフーリエ係数であったから，定理 3.9 の証明でみたように，

$$a_m = \widehat{h}(m)$$

が成り立つ．よって跡公式は

$$\sum_{\gamma \in \mathbb{Z}} h(\gamma) = \sum_{m \in \mathbb{Z}} \widehat{h}(m)$$

となる．これはポアソン和公式に他ならない．

以上の考察により，ポアソン和公式がセルバーグ跡公式の一例であることがわかった．それ以外の例を新たに考察したのが，セルバーグの功績である．そこでは，X として双曲平面 H を採用し，作用する基本群 Γ として，$SL(2,\mathbb{R})$ の離散部分群を採用した．離散部分群 Γ の例としては，

$$SL(2,\mathbb{Z}) = \left\{ \begin{pmatrix} a & b \\ c & d \end{pmatrix} \;\middle|\; ad - bc = 1,\ a,b,c,d \in \mathbb{Z} \right\}$$

などがすぐに思いつくが，それ以外にどんな例があるのだろうか．

跡公式の具体的な計算に入る前に，次章で離散部分群の構成を行う．

第4章

離散部分群の構成

本章の目的は，$G = SL(2, \mathbb{R})$ の離散部分群 Γ の実例を，豊富に与えることである．セルバーグ跡公式やセルバーグ・ゼータ関数は，G と Γ の組に対して定義されるが，具体的な Γ の例を，行列の成分が明示的に見える形で挙げることは，意外と難しい．

すぐに思いつく例は，$\Gamma = SL(2, \mathbb{Z})$ やその部分群であるが，それらの基本領域は滑らかでなく（錐点があり）かつ，非コンパクトであるという特徴を持つ．そうした特徴を持たない曲面，たとえば，滑らかなコンパクトリーマン面の基本群を，行列の成分が明示的に見える形で構成する問題は，まったく自明でない．

そうした問題に対するアプローチとして，四元数環の整環を用いた数論的な構成が知られている．本章では，その方法を解説し，Γ の実例を豊富に与え，それらの性質を概観する．

4.1 四元数環

はじめに，一般的な枠組みで四元数環に関する定義を与える．F を標数が 2 でない体とするとき，F 上の**四元数環**とは，以下の三条件を満たす多元環 A のことである．

(i) A のべき零元は零元に限る．

(ii) A の中心は F である．

(iii) $\dim_F(A) = 4$ である．

(i)（ii）を満たすような A を**中心的単純環**と呼ぶので，四元数環とは，4 次元の中心的単純環のことであると言っても良い．

命題 4.1 任意の四元数環 A に対し，ある $i, j, k \in A$，および $a, b \in F^{\times}$ が存在して，$\{1, i, j, k\}$ が A の F 上の基底となり，

$$i^2 = a, \quad j^2 = b, \quad k = ij = -ji \tag{4.1}$$

となる．なお，このとき，$A = \left(\dfrac{a, b}{F}\right)$ と書く．

証明　元 $\alpha \in A \setminus F$ を一つ取ると，条件 (i) (ii) (iii) より α は F 上 2 次の無理数であるから，$\beta \in A \setminus F(\alpha)$ を用いて $A = F(\alpha) \oplus \beta F(\alpha)$ と表せる．

α の最小多項式を $f(x)$ とおくと，$F[\alpha] = F[x]/(f(x))$ であり，2 次方程式 $f(x) = 0$ の判別式を $a \in F^\times$ とおくと，$i^2 = a$ を満たす元 $i \in A \setminus F$ を用いて $F \oplus F\alpha = F(i)$ と書ける．β に関しても同様に，ある $b_1 \in F^\times$ が存在して $j_1^2 = b_1$ を満たす元 $j_1 \in A \setminus F$ を用いて $F \oplus F\beta = F(j_1)$ と書ける．

次に，$ij_1 + j_1 i \in F$ を示す．先ほどと同様にして，元 $i + j_1$ は F 上 2 次の無理数であるから，$x^2 \in F$ なる元 $x \in F(i + j_1)$ によって，$F(i + j_1) = F(x)$ と表せる．よって，$x = p + q(i + j_1)$ とおける．$x^2 = (p + q(i + j_1))^2 \in F$ および $i^2 = a \in F$，$j_1^2 = b_1 \in F$ より，$p = 0$ かつ $ij_1 + j_1 i \in F$ となる．

ここで，$ij_1 + j_1 i = c \in F$ とおき，$j = ci - 2aj_1$ とおくと，

$$\begin{aligned} j^2 &= (ci - 2aj_1)^2 = c^2 i^2 + 4a^2 j_1^2 - 2ac(ij_1 + j_1 i) \\ &= ac^2 + 4a^2 b_1 - 2ac^2 = -ac^2 + a^2 b_1 \in F \end{aligned}$$

であるから，$b = -ac + a^2 b_1 \in F$ とおくと，$j^2 = b$ となる．

以上の手順で決めた i, j, a, b は，

$$\begin{aligned} ji &= (ci - 2aj_1)i = ci^2 - 2aj_1 i = ac - 2a(c - ij_1) \\ &= -ac + 2aij_1 = -i^2 c + 2aij_1 = -i(ic - 2aj_1) = -ij. \end{aligned}$$

となり，$ij = -ji$ を満たす．　Q.E.D.

[例 1]（ハミルトンの四元数環）

$\mathbb{H} = \left(\dfrac{-1, -1}{\mathbb{R}}\right)$ をハミルトンの四元数環という．実 3 次元の上半空間

$$H^3 = \{z + yj \in \mathbb{H} \mid z \in \mathbb{C},\ y > 0\}$$

に群 $SL(2, \mathbb{C})$ が一次分数変換で

$$\begin{pmatrix} a & b \\ c & d \end{pmatrix} \cdot v = (av+b)(cv+d)^{-1} \qquad \left(\begin{pmatrix} a & b \\ c & d \end{pmatrix} \in SL(2,\mathbb{C}) \right)$$

で作用し，双曲平面のときと同様に双曲距離や双曲計量を定義でき，H^3 を等質空間として $H^3 \cong G/K$ $(G=SL(2,\mathbb{C}),\ K=SU(2))$ と表すことができ，H^3 は 3 次元双曲空間となる．本書で展開しているセルバーグ理論は，双曲平面 H に関するものであるが，3 次元双曲空間 H^3 に関しても類似の理論があり，跡公式やセルバーグ・ゼータ関数を導くことができる（150 ページ参照）．

[例 2]　（行列環）

四元数環 $A = \left(\dfrac{1,1}{F}\right)$ は，2 次の行列環 $M(2,F)$ と同型である．実際，A から $M(2,F)$ への写像 f を，

$$f(1) = \begin{pmatrix} 1 & 0 \\ 0 & 1 \end{pmatrix}, \quad f(i) = \begin{pmatrix} 1 & 0 \\ 0 & -1 \end{pmatrix}, \quad f(j) = \begin{pmatrix} 0 & -1 \\ -1 & 0 \end{pmatrix}, \quad f(k) = \begin{pmatrix} 0 & -1 \\ 1 & 0 \end{pmatrix}$$

によって定義すると，基本関係式 (4.1) は，f の像についても成り立つことが，行列の積の計算によって確かめられ，f は同型になることがわかる．すなわち，A の任意の元

$$x = x_0 + x_1 i + x_2 j + x_3 k = x_0 + x_1 i + (x_2 + x_3 i)j \tag{4.2}$$

に対し

$$\begin{aligned} f(x) &= x_0 \begin{pmatrix} 1 & 0 \\ 0 & 1 \end{pmatrix} + x_1 \begin{pmatrix} 1 & 0 \\ 0 & -1 \end{pmatrix} + x_2 \begin{pmatrix} 0 & -1 \\ -1 & 0 \end{pmatrix} + x_3 \begin{pmatrix} 0 & -1 \\ 1 & 0 \end{pmatrix} \\ &= \begin{pmatrix} x_0 + x_1 & -x_2 - x_3 \\ -x_2 + x_3 & x_0 - x_1 \end{pmatrix} \end{aligned}$$

と定めることにより，同型写像 $f\colon\ A \xrightarrow{\sim} M(2,F)$ が構成できる．

(4.1) より，四元数環は非可換である．四元数環 A の任意の元が乗法に関して逆元を持つとき，A を**可除環**（または**非可換体**，**斜体**）と呼ぶ．例 2 のように四元数環が行列環 $M(2,F)$ に同型なとき，A は可除環ではない．行列環 $M(2,F)$ には零因子が存在するからである．逆に，可除環でないような四元数環は，必ず行列環 $M(2,F)$ に同型となる（定理 4.4）．

四元数環 $A = \left(\dfrac{a,b}{F}\right)$ から行列環 $M(2, F(\sqrt{a}))$ への写像 φ を，

$$\varphi(1) = \begin{pmatrix} 1 & 0 \\ 0 & 1 \end{pmatrix}, \qquad \varphi(i) = \begin{pmatrix} \sqrt{a} & 0 \\ 0 & -\sqrt{a} \end{pmatrix}, \qquad \varphi(j) = \begin{pmatrix} 0 & 1 \\ b & 0 \end{pmatrix},$$

$$\varphi(k) = \varphi(i)\varphi(j) = \begin{pmatrix} 0 & \sqrt{a} \\ -b\sqrt{a} & 0 \end{pmatrix}$$

によって定義すると，(4.2) で与えられる一般元 x に対し，

$$\varphi(x) = \begin{pmatrix} x_0 + x_1\sqrt{a} & x_2 + x_3\sqrt{a} \\ b(x_2 - x_3\sqrt{a}) & x_0 - x_1\sqrt{a} \end{pmatrix}$$

となる．$\varphi(x+y) = \varphi(x) + \varphi(y)$ および $\varphi(xy) = \varphi(x)\varphi(y)$ を計算により確かめられるので，φ は A から $M(2, F(\sqrt{a}))$ の部分環への同型写像を与えている．この写像 φ を用いて次の定理の証明ができる．

定理 4.2　(1) $a \in (F^{\times})^2$ ならば，$\left(\dfrac{a,b}{F}\right) \cong M(2, F)$.

(2) 任意の $\lambda \in F\times$ に対し，$\left(\dfrac{a,b}{F}\right) \cong \left(\dfrac{\lambda^2 a,b}{F}\right)$.

証明　(1) $a = t^2$ $(t \in F^{\times})$ とすると，写像 φ は，

$$\varphi(x) = \begin{pmatrix} x_0 + x_1 t & x_2 + x_3 t \\ b(x_2 - x_3 t) & x_0 - x_1 t \end{pmatrix}$$

となり，$\mathrm{Im}(\varphi) = M(2, F)$ であるから，定理の主張は示される．
(2) $F(\sqrt{a}) = F(\sqrt{\lambda^2 a})$ であることから，証明を終わる．　Q.E.D.

四元数環 A の共役写像 ι： $A \to A$ を，一般元 (4.2) の像

$$\iota(x) = x_0 - x_1 i - x_2 j - x_3 k$$

によって定義する．$\iota(x) = \overline{x}$ とも書き，x の共役という．$x \in A$ のトレースとノルムを，次式で定義する．

$$\mathrm{Tr}(x) = x + \overline{x} = 2x_0,$$
$$N(x) = x\overline{x} = x_0^2 - x_1^2 a - x_2^2 b + x_3^2 ab.$$

直接計算でわかるように,

$$N(xy) = N(x)N(y), \qquad N(1) = 1$$

が成り立つ.

定理 4.3 四元数環 A が可除環になるための必要十分条件は, $x \in A$ に対し

$$N(x) = 0 \iff x = 0 \tag{4.3}$$

が成り立つことである.

証明 (4.3) が成り立つと仮定する. このとき, $x \neq 0$ に対して $N(x) = x\overline{x} \neq 0$ となるので, $x\dfrac{\overline{x}}{N(x)} = 1$ より, $x^{-1} = \dfrac{\overline{x}}{N(x)}$. よって, 任意の $x \neq 0$ は逆元を持つから, A は可除環である.

逆に, A が可除環であるとする. $x \neq 0$ に対し, $x^{-1} \neq 0$ であるから, $N(x)N(x^{-1}) = 1$ より, $N(x) \neq 0$ である. Q.E.D.

定理 4.4 四元数環 $A = \left(\dfrac{a, b}{F}\right)$ は, $M(2, F)$ に同型であるか, または可除環であるかの, いずれかである.

証明 四元数環 $A = \left(\dfrac{a, b}{F}\right)$ が, $M(2, F)$ に同型でないとして, A が可除環であることを示す.

定理 4.2 より, $a \notin (F^{\times})^2$ である. よって, 体 $L = F(i) = F(\sqrt{a})$ は F の 2 次拡大である. 仮に, A が可除環でないと仮定すると, 定理 4.3 より, ある $h \in A \setminus \{0\}$ が存在して $N(h) = 0$ となる. $h = x_0 + x_1 i + x_2 j + x_3 k$ とおくと,

$$0 = N(h) = x_0^2 - x_1^2 a - x_2^2 b + x_3^2 ab$$

が成り立つ. この式を, 2 次拡大の元 $z_0 + z_1 i \in L = F(i)$ に対する相対ノルム $N_{L/F}(z_0 + iz_1) = z_0^2 - z_1^2 a$ を用いて表すと,

$$0 = N(h) = N_{L/F}(x_0 + x_1 i) - bN_{L/F}(x_2 + x_3 i) \tag{4.4}$$

となる.

ここで，仮に $x_2+x_3i=0$ であるとすると，$N_{L/F}(x_0+x_1i)=0$ となるが，体 L は零因子を持たないので，$x_0+x_1i=0$ となり，結局 $h=0$ となって h のとり方に反する．よって，$x_2+x_3i\neq 0$ である．

すると，(4.4) より，

$$b=\frac{N_{L/F}(x_0+x_1i)}{N_{L/F}(x_2+x_3i)}$$

である．よって，

$$\frac{x_0+x_1i}{x_2+x_3i}=q_0+q_1i \qquad (q_0,q_1\in F)$$

とおけば，$b=N_{L/F}(q_0+q_1i)=q_0^2-q_1^2a$ である．そうすると，同型写像

$$\varphi:\ A\to M(2,F)$$

を，次のように基底の像を与えることによって定義できる．

$$\varphi(1)=\begin{pmatrix}1&0\\0&1\end{pmatrix},\qquad \varphi(i)=\begin{pmatrix}0&1\\a&0\end{pmatrix},\qquad \varphi(j)=\begin{pmatrix}q_0&-q_1\\q_1a&-q_0\end{pmatrix},$$

$$\varphi(k)=\varphi(i)\varphi(j)=\begin{pmatrix}q_1a&-q_0\\aq_0&-aq_1\end{pmatrix}$$

この φ が同型写像になることは，容易に確かめられる．これは仮定に反するので，背理法によって A は可除環となる．　Q.E.D.

[例 3]　四元数環 $A=\left(\dfrac{5,11}{\mathbb{Q}}\right)$ は，行列環 $M(2,\mathbb{Q})$ に同型である．

証明　$x=1+3i+j+k$ とおくと，$N(x)=1-5\times3^2-11\times1+55\times1=0$ であるから，(4.3) は成り立たない．よって定理 4.3 により，A は可除環ではない．すると，定理 4.4 により，$A\cong M(2,\mathbb{Q})$ であることがわかる．　Q.E.D.

次の定理は，可除環となるような四元数環の例を豊富に与える．

定理 4.5　素数 b に対し，合同式 $x^2\equiv a \pmod b$ が整数解を持たないとする（すなわち，a が b を法として平方非剰余であるとする）．このとき，四元数環 $A=\left(\dfrac{a,b}{\mathbb{Q}}\right)$ は，可除環である．

証明 背理法で証明する．A が可除環でないとすると，定理 4.3 により，ある $x \in A \setminus \{0\}$ が存在して，そのノルムが

$$N(x) = x_0^2 - x_1^2 a - x_2^2 b + x_3^2 ab = 0 \tag{4.5}$$

となっている．ここで，$x_0, \cdots, x_3$ の 4 数の最大公約数を d とし，x/d を x の代わりに考えることにより，$x_0, \cdots, x_3$ の最大公約数が 1 であるとしてよい．(4.5) より，

$$x_0^2 \equiv x_1^2 a \pmod{b}. \tag{4.6}$$

ここで，b を法として x_1^2 は平方剰余，仮定より a は平方非剰余であるから，仮に $x_1 \not\equiv 0 \pmod{b}$ とすると，(4.6) の左辺は平方剰余，右辺は平方非剰余となり，矛盾する．よって，$x_1 \equiv 0 \pmod{b}$ である．したがって，(4.6) より $x_0 \equiv 0 \pmod{b}$ である．

すると，(4.5) に戻り，両辺を b で割ると，$x_2^2 \equiv x_3^2 a \pmod{b}$ を得る．x_2, x_3 に対して同様の議論を行えば，$x_2 \equiv x_3 \equiv 0 \pmod{b}$ となる．これは，最大公約数が 1 であるとしていた仮定に矛盾する． Q.E.D.

4.2 離散群の構成

四元数環 $A = \left(\dfrac{a, b}{F}\right)$ と，体の間の準同型写像 $\sigma : F \to K$ があるとき，記号 A^σ，$A^\sigma \otimes K$ を，以下で定義する．

$$A^\sigma = \left(\frac{\sigma(a), \sigma(b)}{\sigma(F)}\right), \qquad A^\sigma \otimes K = \left(\frac{\sigma(a), \sigma(b)}{K}\right).$$

以下，F を n 次の総実代数体とする．すなわち，n 個の無限素点（すなわち F の $\mathbb{C}$ への埋め込み）φ_j $(j = 1, 2, 3, \cdots, n)$ は，$\varphi_j(F) \subset \mathbb{R}$ を満たしている．このうち，φ_1 を恒等写像とおく．四元数環 $A^{\varphi_j} \otimes \mathbb{R} = \left(\dfrac{\varphi_j(a), \varphi_j(b)}{\mathbb{R}}\right)$ の形状は，次の命題によって 2 通りに限定される．

命題 4.6 四元数環 $\left(\dfrac{a, b}{\mathbb{R}}\right)$ は，$a > 0$ または $b > 0$ のとき，行列環 $M(2, \mathbb{R})$ に同型であり，$a < 0$ かつ $b < 0$ のとき，ハミルトンの四元数環 $\mathbb{H}$ に同型である．

証明　定理 4.2 (1) より，四元数環 $\left(\dfrac{a,b}{\mathbb{R}}\right)$ は，$a>0$ のとき，行列環 $M(2,\mathbb{R})$ に同型である．$\left(\dfrac{a,b}{\mathbb{R}}\right)=\left(\dfrac{b,a}{\mathbb{R}}\right)$ であるから，$b>0$ のときも，行列環 $M(2,\mathbb{R})$ に同型である．$a<0$ かつ $b<0$ のとき，$\mathbb{H}$ の基底 $\{1,\,i,\,j,\,k\}$ を用いて $\left(\dfrac{a,b}{\mathbb{R}}\right)$ の基底を $\{1,\,i\sqrt{|a|},\,j\sqrt{|b|},\,k\sqrt{|ab|}\}$ と表せるので，同型対応

$$\mathbb{H}\ni x_0+x_1i+x_2j+x_3k\overset{\sim}{\longmapsto}x_0+x_1i\sqrt{|a|}+x_2j\sqrt{|b|}+x_3k\sqrt{|ab|}\in\left(\frac{a,b}{\mathbb{R}}\right)$$

を構成できる．　Q.E.D.

四元数環 $A^{\varphi_j}\otimes\mathbb{R}=\left(\dfrac{\varphi_j(a),\varphi_j(b)}{\mathbb{R}}\right)$ から $M(2,\mathbb{R})$ または $\mathbb{H}$ への同型写像を，ρ_j と書く．

$$\rho_j:\ A^{\varphi_j}\otimes\mathbb{R}\overset{\sim}{\longrightarrow}M(2,\mathbb{R})$$

のとき，A は無限素点 φ_j において不分岐であるといい，

$$\rho_j:\ A^{\varphi_j}\otimes\mathbb{R}\overset{\sim}{\longrightarrow}\mathbb{H}$$

のとき，A は無限素点 φ_j において分岐するという．

命題 4.7（$\mathbb{R}$ 上でみたノルムとトレース）　総実代数体 F 上の四元数環 $A=\left(\dfrac{a,b}{F}\right)$ の元 x に対し，A が φ_j で不分岐ならば

$$N(x)=\det(\rho_j(x)),\qquad \mathrm{Tr}(x)=\mathrm{tr}(\rho_j(x))$$

が成り立ち，A が φ_j で分岐すれば

$$\varphi_j(N(x))=N_{\mathbb{H}}(\rho_j(x)),\qquad \varphi_j(\mathrm{Tr}(x))=\mathrm{Tr}_{\mathbb{H}}(\rho_j(x))$$

が成り立つ．ただし，N, Tr は A におけるノルムとトレースを，$N_{\mathbb{H}}$, $\mathrm{Tr}_{\mathbb{H}}$ は $\mathbb{H}$ におけるノルムとトレースを表す．

証明　ノルムとトレースの定義に従って直接計算すれば，両辺が一致することがわかる．　Q.E.D.

総実代数体 F の整数環を O_F と記す．四元数環 A の部分環 $\mathcal{O}$ が A の整環である

とは，$\mathcal{O}$ が乗法の単位元 1 を持つ有限生成 O_F 加群で，F 上 A を生成していることである．

たとえば，$a, b \in O_F^\times$ のとき，(4.1) を満たす i, j, k によって定義される

$$\mathcal{O} = \{x = x_0 + x_1 i + x_2 j + x_3 k \mid x_j \in O_F \ (j = 0, 1, 2, 3)\}$$

は，$A = \left(\dfrac{a, b}{F}\right)$ の整環である．

整環 $\mathcal{O}$ の単数群を，

$$\mathcal{O}^1 = \{x \in \mathcal{O} \mid N(x) = 1\}$$

と定義する．

A が φ_1 において不分岐であるとき，像 $\rho_1(\mathcal{O}^1)$ は，$M(2, \mathbb{R})$ の部分集合で，かつ，乗法に関して群をなすから，$M(2, \mathbb{R})^\times = GL(2, \mathbb{R})$ の部分群となる．さらに，命題 4.7 より，像 $\rho_1(\mathcal{O}^1)$ は $SL(2, \mathbb{R})$ の部分群となる．以下，四元数環 A が φ_1 において不分岐で $\mathcal{O}$ が A の整環であるとき，

$$\Gamma(A, \mathcal{O}) = \rho_1(\mathcal{O}^1) \subset SL(2, \mathbb{R})$$

とおく．

定理 4.8　総実代数体 F 上の四元数環 A が φ_1 において不分岐であるとする．このとき，A の任意の整環 $\mathcal{O}$ に対し，$\Gamma(A, \mathcal{O})$ は，$SL(2, \mathbb{R})$ の離散部分群である．

証明　部分群になることは上で示したので，以下，離散であることを示す．

煩雑さを避けるため，$A = \left(\dfrac{a, b}{\mathbb{Q}}\right)$ $(a > 0)$，かつ

$$\mathcal{O} = \{x = x_0 + x_1 i + x_2 j + x_3 k \mid x_j \in \mathbb{Z} \ (j = 0, 1, 2, 3)\}$$

の場合に証明する．$SL(2, \mathbb{R})$ の単位元 $\begin{pmatrix} 1 & 0 \\ 0 & 1 \end{pmatrix}$ の十分小さな近傍が，$\Gamma(A, \mathcal{O})$ の元を他に含まないことを示せば良い．

$$U = \left\{ g = \begin{pmatrix} \alpha & \beta \\ \gamma & \delta \end{pmatrix} \in SL(2, \mathbb{R}) \ : \ |\alpha - 1| < \frac{1}{2},\ |\beta| < \frac{1}{2},\ |\gamma| < \frac{1}{2},\ |\delta - 1| < \frac{1}{2} \right\}$$

とおく．$g = \rho_1(x_0 + x_1 i + x_2 j + x_3 k) \in U \cap \Gamma(A, \mathcal{O})$ とすると，

$$g = \begin{pmatrix} x_0 + x_1\sqrt{a} & x_2 + x_3\sqrt{a} \\ b(x_2 - x_3\sqrt{a}) & x_0 - x_1\sqrt{a} \end{pmatrix}.$$

ここで，$\mathrm{Tr}(\rho_1^{-1}(g)) = 2x_0 = \alpha + \delta$ であり，一方，$|\alpha - 1| < \dfrac{1}{2}$, $|\delta - 1| < \dfrac{1}{2}$ より，$|\alpha + \delta - 2| < 1$ であるから，$|2x_0 - 2| < 1$ である．よって $|x_0 - 1| < \dfrac{1}{2}$ なので，$x_0 = 1$ となる．

また，$|b| > 1$ より，$|x_2 - x_3\sqrt{a}| < \dfrac{1}{2|b|} < \dfrac{1}{2}$．一方，$|x_2 + x_3\sqrt{a}| < \dfrac{1}{2}$ であるから，$|2x_2| < 1$．したがって $x_2 = 0$ である．同様にして $|x_1\sqrt{a}| < \dfrac{1}{2}$，$|x_3\sqrt{a}| < \dfrac{1}{2}$ となるので，$x_2 = x_3 = 0$ である．

以上より，$x = x_0 = 1$ となり，$g = \begin{pmatrix} 1 & 0 \\ 0 & 1 \end{pmatrix}$ となる．　Q.E.D.

$SL(2, \mathbb{R})$ の部分群 Γ が，ある $\Gamma(A, \mathcal{O})$ の指数有限部分群であるとき，Γ を四元数環 A に由来する群であるという．

4.3 離散群の数論性

本章の目的は，$SL(2, \mathbb{R})$ の離散部分群の実例を挙げることである．この問題に対し，たとえば，幾何学的に「曲率が負で一定であるような任意のコンパクト・リーマン面 M に対し，その基本群 $\pi_1(M)$ を Γ とすれば良い」という解答が考えられる．これは確かに，無数の Γ の存在を主張しているが，これでは行列の元が具体的に見えない．

本章で解説する方法によって構成される離散群は，数論的離散群と呼ばれるものである．群の数論性の定義には，いくつかの流儀があるが，ここでは，ゲルファンドとピアテツキシャピロによる定義[*1]を採用する．

一般に，$G = SL(2, \mathbb{R})$ の表現

$$G \ni g \longmapsto \rho(g) \in GL(n, \mathbb{C})$$

があるとき，整数成分の行列に対応するような元 $g \in G$ の集合

$$\{g \in G \mid \rho(g) \in GL(n, \mathbb{C}) \cap M(n, \mathbb{Z})\}$$

[*1] Gelfand, Graev and Pyatetskii-Shapiro: “Representation theory and automorphic functions” (Academic Press, 1990) p. 106.

は，G の離散部分群となる．

そこで，G の離散部分群のうち，ある表現 ρ によって上の手順で得られるようなもの，および，その指数有限部分群を**数論的**であるという．

任意の総実代数体 F 上の四元数環 A と，その整環 $\mathcal{O}$ に対し，前項で定義した $\Gamma(A,\mathcal{O})$ は，$SL(2,\mathbb{R})$ の数論的離散部分群である．

4.4 基本領域のコンパクト性

前節で定義した離散部分群 $\Gamma(A,\mathcal{O})$ は，四元数環 A が可除環であるとき，コンパクトリーマン面の基本群の実例を与えていることを，本節で証明する．

証明に先立ち，いくつかの補題を準備する．最初に，次の古典的な補題を挙げる．

補題 4.9（ミンコフスキーの補題） $\mathbb{R}^n$ の格子 L が，

$$L=\{(x_1,\cdots,x_n)\in\mathbb{R}^n\mid x_i=\sum_{j=1}^n x_{i,j}n_j\ (n_j\in\mathbb{Z})\}$$

によって与えられている．ただし，$\det\left((x_{i,j})_{i,j=1}^n\right)\neq 0$ とする．このとき，$\mathrm{vol}(U)\geqq 2^n\det\left((x_{i,j})_{i,j=1}^n\right)$ なるような，$\mathbb{R}^n$ の原点対称な部分集合 U は，L の元を原点以外に 2 個以上含む．

証明 そのような集合 U で，$U\cap L=\{\mathrm{O}\}$ なるものが存在したとする．

$$U_O=\frac{1}{2}U=\left\{\frac{1}{2}\boldsymbol{x}\ :\ \boldsymbol{x}\in U\right\}$$

とおく．任意の二点 $\mathrm{A},\mathrm{B}\in L$ をとる．U_O を，ベクトル $\overrightarrow{\mathrm{OA}},\overrightarrow{\mathrm{OB}}$ の分だけ平行移動した集合を U_A,U_B とおく．まず，

$$U_A\cap U_B=\varnothing \tag{4.7}$$

を背理法で証明する．

結論を否定し，$\mathrm{C}\in U_A\cap U_B$ とする．点 A に関する点 C の対称点を D とおくと，U の対称性より $\mathrm{D}\in U_A$ である．ベクトル $\overrightarrow{\mathrm{CA}}$ 分だけ B を平行移動した点を C' とすると，$\mathrm{C}'\in U_B$ である．E を CC' の中点とすると，凸性より，$\mathrm{E}\in U_A$ である．ここで，U_A を A を中心に 2 倍に拡大した集合を U'_A とすると，$\mathrm{E}\in U_A$ であ

り，$\mathrm{AB} = 2\mathrm{AE}$ であることから，$\mathrm{B} \in U'_A$ となる．U'_A は，中心点の A の他に格子点 B を含む．U'_A は U と合同であるから，U も中心点 O 以外にある格子点 B′ を含む．U は B′ を原点対称移動した点も含むので，少なくとも 2 個の格子点を含む．これで，(4.7) が示された．

(4.7) より，$\mathrm{vol}(U_O)$ は L の基本領域の体積よりも小さい．よって，$\mathrm{vol}(U_O) < \det\left((x_{i,j})_{i,j=1}^n\right)$ である．これは，$\mathrm{vol}(U) < 2^n \det\left((x_{i,j})_{i,j=1}^n\right)$ を意味するので，仮定に矛盾する．　Q.E.D.

補題 4.10　四元数環 A の整環 $\mathcal{O}$ の元の同値関係を，

$$x \sim y \quad \Longleftrightarrow \quad xy^{-1} \in \mathcal{O}^1 \qquad (x, y \in \mathcal{O})$$

で定義するとき，集合

$$\mathcal{O}^m = \{x \in \mathcal{O} \mid N(x) = m\}$$

は，有限個の同値類からなる．

証明　写像

$$\begin{array}{ccc} \mathcal{O}^m & \longrightarrow & M(4, \mathbb{Z}) \\ \Cup & & \Cup \\ x & \longmapsto & [a_x : \ y \mapsto yx] \end{array} \tag{4.8}$$

を考える．

$$a_{xy} = a_x a_y \tag{4.9}$$

となることが，計算によりわかる．

一般に，

$$GL_m(n, \mathbb{Z}) = \{a \in GL(n, \mathbb{C}) \cap M(n, \mathbb{Z}) \mid \det(a) = m\}$$

とおくとき，有限個の元 $a_1, \cdots, a_r \in GL_m(n, \mathbb{Z})$ が存在して任意の元 $a \in GL_m(n, \mathbb{Z})$ が

$$a = a_k \alpha \qquad (\alpha \in SL(n, \mathbb{Z}))$$

の形に書ける[*2].

したがって，写像(4.8)の像 a_x は，有限個の元 a_{x_j} $(j=1,2,\cdots,r)$ たちによって

$$a_x = a_{x_j}\alpha \qquad (\alpha \in SL(4,\mathbb{Z}))$$

の形に書ける．(4.9)により，$\alpha=(a_{x_j})^{-1}a_x = a_{x_j^{-1}x}$ となるので，$a_{x_j^{-1}x} \in SL(4,\mathbb{Z})$ となる．

写像(4.8)の像の行列式を計算すると，

$$N(x)=m \quad \Longleftrightarrow \quad \det(a_x)=m^2$$

がわかるから，$m=1$ の場合にこれを用いると $N(x_j^{-1}x)=1$ であり，これより $x\sim x_j^{-1}$ となる．　Q.E.D.

それではいよいよ，本節の主題である基本領域がコンパクトとなるような四元数環の条件を与える．

定理 4.11　$SL(2,\mathbb{R})$ の離散部分群 Γ が四元数環 A に由来し，A が可除環ならば，基本領域 $\Gamma\backslash H$ はコンパクトである．

証明　煩雑さを避けるため，ここでは $A=\left(\dfrac{a,b}{\mathbb{Q}}\right)$ $(a>0)$，かつ

$$\mathcal{O}=\{x=x_0+x_1i+x_2j+x_3k \mid x_j\in\mathbb{Z}\ (j=0,1,2,3)\}$$

の場合に絞って証明する．

埋め込み

$$\begin{array}{ccc} A & \longrightarrow & M(2,\mathbb{R}) \\ \cup\!\!\!\cup & & \cup\!\!\!\cup \\ x & \longmapsto & g_x=\begin{pmatrix} x_0+x_1\sqrt{a} & x_2+x_3\sqrt{a} \\ b(x_2-x_3\sqrt{a}) & x_0-x_1\sqrt{a}\end{pmatrix} \end{array} \tag{4.10}$$

において，

$$x\in A \quad \Longleftrightarrow \quad x_j\in\mathbb{Z} \quad (j=0,1,2,3)$$

[*2] この事実は線形代数の演習問題である．証明は，Gelfand, Graev and Pyatetskii-Shapiro: "Representation theory and automorphic functions"（Academic Press, 1990）p.118 を参照されたい．

である．ここで，$M(2,\mathbb{R})$ のあるコンパクト集合 K で，以下を満たすものが存在することを示す．

$$\forall g \in SL(2,\mathbb{R}) \quad \exists x \in \mathcal{O} \quad g_x g \in K. \tag{4.11}$$

まず，A が可除環であることから，

$$x \neq 0 \iff N(x) = \det g_x \neq 0$$

であるので，任意の $h \in GL(2,\mathbb{R})$ に対し，$\lambda = \sqrt{\det h}$ とおくと，$\det h_0 = \pm 1$ なる $h_0 = \begin{pmatrix} a & b \\ c & d \end{pmatrix} \in GL(2,\mathbb{R})$ が存在して

$$h = \begin{pmatrix} \lambda & \\ & \lambda \end{pmatrix} h_0 = \begin{pmatrix} \lambda a & \lambda b \\ \lambda c & \lambda d \end{pmatrix}$$

となる．

$$g = \begin{pmatrix} \alpha & \beta \\ \gamma & \delta \end{pmatrix} \quad (\alpha\delta - \beta\gamma = 1), \qquad g_x g = \begin{pmatrix} l_{1,1} & l_{1,2} \\ l_{2,1} & l_{2.2} \end{pmatrix}$$

とおくと，

$$\begin{aligned} l_{1,1} &= \alpha x_0 + \sqrt{a}\alpha x_1 + \gamma x_2 + \sqrt{a}\gamma x_3 \\ l_{1,2} &= \beta x_0 + \sqrt{a}\beta x_1 + \delta x_2 + \sqrt{a}\delta x_3 \\ l_{2,1} &= \gamma x_0 - \sqrt{a}\gamma x_1 + b\gamma x_2 - b\sqrt{a}\gamma x_3 \\ l_{2,2} &= \delta x_0 - \sqrt{a}\delta x_1 + b\beta x_2 - b\sqrt{a}\beta x_3 \end{aligned} \tag{4.12}$$

となり，これらは x_j $(j = 0,1,2,3)$ の線形結合であるから，$x \in \mathcal{O}$ が動くときに，$(l_{1,1}, l_{1,2}, l_{2,1}, l_{2,2}) \in \mathbb{R}^4$ は，格子をなす．その格子の基本領域の体積は，表示式(4.12)の係数行列の行列式であり，計算すると $4ab$ になる．

今，積が $4ab$ に等しいような 4 つの正数 $c_{1,1}$, $c_{1,2}$, $c_{2,1}$, $c_{2,2}$ を一組固定し，領域

$$D = \{l = (l_{1,1}, l_{1,2}, l_{2,1}, l_{2,2}) \in \mathbb{R}^4 \mid |l_{i,j}| < c_{i,j}\}$$

を考える．D は原点対称な凸集合であり，体積が $2^n \cdot 4ab$ である．よって，補題 4.9 により，ある $x = (x_1, x_2, x_3, x_4) \in \mathbb{Z}^4$ に対する格子点 l が，$l \in D$ を満たす．$\mathbb{R}^4$ と $M(2,\mathbb{R})$ はベクトル空間として位相同型だから，これらを同一視して $D \subset M(2,\mathbb{R})$ $\left(すなわち, l = \begin{pmatrix} l_{1,1} & l_{1,2} \\ l_{2,1} & l_{2,2} \end{pmatrix}\right)$ とみなして言い換えると，$g_x g \in D$ となるような $x \in (\mathcal{O} \times \mathcal{O} \times \mathcal{O} \times \mathcal{O}) \setminus \{O\}$ が存在する．

ここで，$m \in \mathbb{R} \setminus \{0\}$ に対し $D_m = \{l \in D \mid \det l = m\}$ とおくと，

$$D = \bigcup_{m \in \mathbb{R} \setminus \{0\}} D_m$$

である．D の定義より，$l \in D$ のとき，$\det l$ は有界であるから，絶対値が十分大きな m に対して $D_m = \varnothing$ となり，ある m_0 が存在して

$$D = \bigcup_{|m| \leqq m_0} D_m$$

となる．$x \in \mathcal{O}$ より $\det(g_x g) = \det(g_x) = N(x) \in \mathbb{Z}$ であるから，m の取りえる値は有限個で

$$g_x g \in \bigcup_{m:\ \text{有限個}} D_m.$$

各 D_m はコンパクトであるから，この右辺を K とおくと，(4.11) が成り立つ．

また，以上の証明において，m_0 は $c_{i,j}$ のみによるので，g によらない．よって，$|\det l| = |\det g_x g| = |\det g_x|$ も，g すなわち x によらない上界 m_0 を持つ．

そこで，$g \in SL(2, \mathbb{R})$ に対し，(4.11) によって存在が保障された $x \in \mathcal{O}$ をとる．補題 4.10 で示された $\mathcal{O}^m$ 内の同値類の個数を p_m とおくと，$x \in \mathcal{O}^m$ のとき，有限個の元 $x_{m,1}, \cdots, x_{m,p_m} \in \mathcal{O}^m$ のいずれかによって $x_{m,j}^{-1} x \in \mathcal{O}^1$ となる．このとき，$g_{x_{m,j}^{-1} x} = \gamma_{m,j} \in \Gamma$ とすると，$g_x g \in K$ より，

$$\gamma_{m,j} g = g_{x_{m,j}^{-1} x} g = g_{x_{m,j}^{-1}} g_x g \in g_{x_{m,j}}^{-1}(K) \subset \bigcup_{|m| \leqq m_0} \bigcup_{j=1}^{p_m} g_{x_{m,j}}^{-1}(K)$$

となり，右辺は g によらないコンパクト集合となる．これを $\widetilde{K}$ とおくと，

$$g \in \gamma_{m,j}^{-1} \widetilde{K} \subset \Gamma \widetilde{K}.$$

すなわち，任意の $g \in SL(2, \mathbb{R})$ に対して $g \in \Gamma \widetilde{K}$ となる．

以上より，あるコンパクト集合 $\widetilde{K}$ によって $G \subset \Gamma \widetilde{K}$ となることが証明されたから，$\Gamma \backslash G$ はコンパクトであり，これより，$\Gamma \backslash H$ はコンパクトである． Q.E.D.

4.5 放物型共役類とカスプ

前節では四元数環に由来する離散群 $\Gamma(A, \mathcal{O})$ の基本領域がコンパクトであるための条件を求めたが，基本領域のコンパクト性を規定するもう一つの明確な条件がある．

それは，離散群 Γ に含まれる共役類の型によって記述される．

共役類の型を解説するため，$SL(2,\mathbb{R})$ の H への作用における固定点の様子を調べる．$z \in H$ が $\begin{pmatrix} a & b \\ c & d \end{pmatrix} \in SL(2,\mathbb{R})$ の固定点であるとは，

$$z = \frac{az+b}{cz+d}$$

が成り立つことだから，z が 2 次方程式

$$cz^2 + (d-a)z - b = 0$$

の解であることと同値である．ここで，行列 $\begin{pmatrix} a & b \\ c & d \end{pmatrix}$ が対角行列すなわち $\pm\begin{pmatrix} 1 & 0 \\ 0 & 1 \end{pmatrix}$ のときは，この 2 次方程式は自明となり，すべての点が固定点となるので，以下，これ以外の場合を考える．この 2 次方程式の解が虚数解ならば，そのうち一方は虚部が正だから H に属し，H 内に固定点が存在することになる．一方，実数解のときは，解は H に属さないから，H 内に作用の固定点が存在しない．そこで，この 2 次方程式の判別式を計算し，どういう場合に固定点が存在するかを調べてみる．

判別式は，仮定 $ad-bc=1$ を用いて

$$(d-a)^2 + 4bc = (a+d)^2 - 4 = (a+d+2)(a+d-2)$$

となる．したがって，判別式が負となるのは $|a+d| < 2$ の場合であり，このとき固定点が H 内に存在する．このような行列 $\begin{pmatrix} a & b \\ c & d \end{pmatrix} \in SL(2,\mathbb{R})$ を**楕円型**と呼ぶ．

判別式が正となるのは $|a+d| > 2$ の場合であり，このとき固定点は H 内に存在せず，H の境界である実軸内に異なる 2 つの固定点が存在する．このような行列 $\begin{pmatrix} a & b \\ c & d \end{pmatrix} \in SL(2,\mathbb{R})$ を**双曲型**と呼ぶ．

最後に，判別式が 0 となるのは $a+d=\pm 2$ の場合である．このような行列 $\begin{pmatrix} a & b \\ c & d \end{pmatrix} \in SL(2,\mathbb{R})$ を**放物型**と呼ぶ．先に述べたように，単位行列とその -1 倍の行列は，$a+d=\pm 2$ を満たすが，これらはあらかじめ除いて考えているので，放物型とは呼ばない．

以上で定義した 3 種の型は，行列のトレース $a+d$ だけで決まる．共役な元はトレースが等しいので，型も等しい．よって，型は共役類に対して定義される．

はじめに，補題を一つ準備しておく．

補題 4.12 $SL(2,\mathbb{R})$ の離散部分群 Γ の基本領域 $\Gamma\backslash G$ がコンパクトならば，任意の $\gamma \in \Gamma$ に対し，γ の G 内の共役元の集合は，G の閉部分集合をなす．

証明 元の列 $g_k \in G$ が，

$$\lim_{k\to\infty} g_k^{-1}\gamma g_k = g \in G$$

を満たしているとする．このとき，γ と g が共役であることを示せば良い．

$$g_k = \gamma_k u_k \qquad (\gamma_k \in \Gamma,\ u_k \in \Gamma\backslash G)$$

と表せる．このとき，$\Gamma\backslash G$ がコンパクトであるから，点列 u_k は収束して，

$$u = \lim_{k\to\infty} u_k \in \Gamma\backslash G$$

である．よって，

$$\begin{aligned} g &= \lim_{k\to\infty} g_k^{-1}\gamma g_k \\ &= \lim_{k\to\infty} u_k^{-1}\gamma_k^{-1}\gamma\gamma_k u_k \\ &= u^{-1}\left(\lim_{k\to\infty} \gamma_k^{-1}\gamma\gamma_k\right)u. \end{aligned}$$

ゆえに，

$$\Gamma \ni \lim_{k\to\infty} \gamma_k^{-1}\gamma\gamma_k = ugu^{-1}.$$

Γ は離散であるから，収束列は十分先で一定値となる．したがって，十分大きな k に対して $\gamma_k^{-1}\gamma\gamma_k = ugu^{-1}$ となっているので，γ と g が共役であることが示された．

Q.E.D.

定理 4.13 $SL(2,\mathbb{R})$ の離散部分群 Γ が放物型の元を含むとき，基本領域 $\Gamma\backslash H$ は非コンパクトである．

証明 放物型の元はトレースが ± 2 であることから，固有値 ± 1 を重複度 2 で持つ．よって，$\gamma \in \Gamma$ が放物型であるとすると，ある $g \in G$ によって

$$g^{-1}\gamma g = \pm\begin{pmatrix} 1 & 1 \\ 0 & 1 \end{pmatrix}$$

と上三角化できる．ここで，$g_k = \begin{pmatrix} k & 0 \\ 0 & k^{-1} \end{pmatrix} \in G$ とおくと，共役元の列

$$g_k^{-1}\left(g^{-1}\gamma g\right)g_k = g_k^{-1}\left(\pm\begin{pmatrix} 1 & 1 \\ 0 & 1 \end{pmatrix}\right)g_k = \pm\begin{pmatrix} 1 & k^{-2} \\ 0 & 1 \end{pmatrix}$$

は $k \to \infty$ のとき，単位行列かその -1 倍に収束する．

補題 4.12 より，基本領域がコンパクトであれば，任意の点列は同じ型に収束するはずであるから，上の事実は，基本領域が非コンパクトであることを示している．

Q.E.D.

代表的な放物型の元は，$\pm\begin{pmatrix} 1 & 1 \\ 0 & 1 \end{pmatrix}$ であり，これは，$z \mapsto z+1$ という写像で H に作用するので，$i\infty \in \overline{H}$ が（重解の）固定点となる．上の証明でみたように，任意の放物型の元 γ は，ある $g \in G$ によって $g^{-1}\gamma g = \pm\begin{pmatrix} 1 & 1 \\ 0 & 1 \end{pmatrix}$ となるが，この $g \in G$ は，γ の重解の固定点 $a \in \mathbb{R} \cup \{i\infty\} = \overline{H}$ に対し $g(i\infty) = a$ なるものとして与えられる．放物型の元の固定点を，**カスプ**という．カスプ a に対して $g(i\infty) = a$ なる $g \in SL(2,\mathbb{R})$ を $g = \sigma_a$ と書き，a の**標準化行列**[*3]という．カスプは，図形的には，非コンパクトな基本領域の無限遠の頂点と解釈できる．

以上，$SL(2,\mathbb{R})$ の離散部分群 Γ の放物型共役類の存在が，基本領域の非コンパクト性をもたらす事実をみてきた．本節の締めくくりに，他の共役類がもたらすものについて注意を述べる．

4.6　楕円型共役類と錐点

楕円型共役類は，H 内に一つの固定点 z を持つ．$\gamma \in \Gamma$ を楕円型の元とし，z を含む基本領域を F とすると，γ の作用により，F は再び z を含む基本領域に写る．したがって，z は F の内部ではなく，境界上にあり，いくつかの基本領域が共有する点となっている．実際，γ の作用は，z のまわりの回転移動となっている．Γ が離散部分群なので，z を共有する基本領域の個数は有限であり，このことから，楕円型の元 γ の位数は有限となる．この位数を m とすると，基本領域 $\Gamma\backslash G$ における z の近傍

---

*3　標準という語を用いる理由は，$i\infty$ を標準的なカスプとみなしているからである．

は，角 $2\pi/m$ で一周する構造になっている．すなわち，z は基本領域 $\Gamma\backslash G$ の錐点（とがった点）であり，$\Gamma\backslash G$ は滑らかではなく，$\Gamma\backslash G$ の m 次の被覆が滑らかなリーマン面の構造を持つ．

したがって，定理 4.13 で示した事実を標語的に「放物側共役類は多様体の非コンパクト性をもたらす」と表現すれば，それに対応して「楕円型共役類は，多様体の非可微分性をもたらす」と言える．基本領域 $\Gamma\backslash G$ が滑らかなリーマン面となるためには，離散部分群 $\Gamma \subset SL(2,\mathbb{R})$ が楕円型共役類を持たないことが必要十分である．

4.7　双曲型共役類と測地線

放物型の元は，$\overline{H}$ 上に 2 つの固定点を持つ．放物型の元は，$G = SL(2,\mathbb{R})$ 内では対角行列 $g_a = \begin{pmatrix} a & 0 \\ 0 & a^{-1} \end{pmatrix}$ $(|a| > 1)$ に共役であり，g_a は a^2 倍の拡大写像である．固定点は，$0,\ i\infty$ であるから，g_a はこれら固定点を結ぶ測地線である虚軸内の点を，虚軸内でずらして動かす写像として作用する．すなわち，g_a は虚軸という測地線を固定する．一般の放物型の元 g は，固有値を $a,\ a^{-1}$ とおけば g_a に共役であり，2 つの固定点をそれぞれ $0,\ i\infty$ に写す変換を経由させて考えれば，g は 2 つの固定点を結ぶ測地線を固定することがわかる．

第5章

セルバーグ跡公式

5.1　関数解析学からの準備

本章の目的は，第 3 章でみたセルバーグ跡公式(3.16)の具体的な形を求めることである．それにはまず，不変積分作用素やラプラシアンが作用する空間を定める必要がある．そこで本節では，その空間がヒルベルト空間 $L^2(\Gamma\backslash H)$ であることを解説し，さらに，ヒルベルト–シュミット型の積分作用素のスペクトルに関する関数解析学の基本事項を整理する．

ヒルベルト空間（内積を持つ完備な距離空間）$\mathcal{H}$ のある部分集合上で定義される線形作用素

$$T:\ \mathcal{H} \longrightarrow H$$

の定義域を $D(T) \subset \mathcal{H}$ と書く．

補題 5.1　$D(T)$ が $\mathcal{H}$ 内で稠密であるとする．$v \in \mathcal{H}$ に対して

$$(Tu, v) = (u, w) \qquad (\forall u \in D(T))$$

を満たす w が存在するならば，それは一意的である．

証明　そのような元が $w,\ w'$ の 2 つあったとすると，

$$(u, w) = (u, w') \qquad (\forall u \in D(T))$$

が成り立つので，稠密な集合 $D(T)$ 内の任意の u に対して $(u, w - w') = 0$ となる．よって，$w - w' = 0$ である．　Q.E.D.

補題 5.1 の w が存在するとき，$T^*v = w$ として作用素 T^* を定義し，T の共役作用素と呼ぶ．共役作用素が存在するためには，T の定義域 $D(T)$ が $\mathcal{H}$ 内で稠密であることが前提となるが，逆に，$D(T)$ が稠密であれば共役作用素が存在することが知

られている（リースの表現定理）．

以下，T の定義域 $D(T)$ が $\mathcal{H}$ 内で稠密であるとき，単に「$D(T)$ が稠密である」という．また，二つの線形作用素 T, S が $D(T) \subset D(S)$ かつ

$$Tu = Su \qquad (\forall u \in D(T))$$

を満たすとき，S は T の拡大であるといい，$T \subset S$ と記す．

補題 5.2　T は線形作用素で，共役作用素 T^* を持つとする．このとき，

(1) T^* も線形作用素である．

(2) $T \supset S$ ならば，$T^* \subset S^*$ である．

(3) $D(T^*)$ が稠密なら，$T \subset T^{**}$ である．

証明　(1) $(Tu, v) = (u, T^*v)$ かつ $(Tu, v') = (u, T^*v')$ とすると，任意の $a, b \in \mathbb{C}$ に対し，

$$\begin{aligned}(Tu, av + bv') &= a(Tu, v) + b(Tu, v') \\ &= a(u, T^*v) + b(u, T^*v') \\ &= (u, aT^*v + bT^*v').\end{aligned}$$

よって，$T^*(av + bv') = aT^*v + bT^*v'$.

(2) $u \in D(S) \subset D(T)$, $v \in D(T^*)$ であるとき，$(Su, v) = (Tu, v) = (u, T^*v)$ であるから，$S^*v = T^*v$ となるので，$v \in D(S^*)$ である．

(3) $u \in D(T)$ かつ $v \in D(T^*)$ であるとき，$(Tu, v) = (u, T^*v)$ であるから，内積の性質から $(T^*v, u) = (v, Tu)$ となっており，これより $T^{**}u = Tu$ となるので，$u \in D(T^{**})$ である．　Q.E.D.

$D(T)$ が稠密であるような作用素 T が

$$(Tu, v) = (u, Tv) \qquad (\forall u, v \in D(T)$$

を満たすとき，T は対称作用素であるという．

T が対称作用素であることは，$T \subset T^*$ が成り立つことと同値である．

補題 5.3 対称作用素の固有値は実数である.

証明 ある $u \in D(T)$ と $\lambda \in \mathbb{C}$ に対して $Tu = \lambda u$ が成り立っているとする. T が対称作用素ならば,

$$\lambda(u,u) = (\lambda u, u) = (Tu, u) = (u, T^*u) = (u, Tu) = (u, \lambda u) = \overline{\lambda}(u,u)$$

より, $\lambda = \overline{\lambda}$. よって, $\lambda \in \mathbb{R}$. Q.E.D.

T が対称作用素であって $D(T) = D(T^*)$ であるとき, すなわち, $T = T^*$ であるとき, T は**自己共役作用素**であるという.

補題 5.4 対称作用素の固有関数は, 固有値が異なれば互いに直交する.

証明 ある $u, v \in D(T)$ と $\lambda, \eta \in \mathbb{C}$ に対して $Tu = \lambda u$ かつ $Tv = \eta v$ $(\lambda \neq \eta)$ が成り立っているとする. T が対称作用素ならば, 補題 5.3 より

$$\lambda(u,v) = (Tu, v) = (u, Tv) = \overline{\eta}(u,v) = \eta(u,v).$$

よって, $(\lambda - \eta)(u,v) = 0$ であるから, $(u,v) = 0$ となる. Q.E.D.

対称作用素 T が**非負**であるとは, 任意の $u \in D(T)$ に対して $(Tu, u) \geqq 0$ が成り立つことをいう. 次の定理は関数解析学で良く知られている.

定理 5.5 非負な対称作用素は, 自己共役な拡大を持つ.

対称作用素と自己共役作用素との違いは, 元の作用素と共役作用素とで, 定義域が異なるか否かにある. 元の作用素の定義域が狭く, そのままでは共役作用素が定義されない場合, 定義域を広げて自己共役作用素を得られることがある. 定理 5.5 は, そうした一例になっている.

以上の関数解析学の背景を踏まえ, セルバーグ跡公式の理論を推進するために必要なヒルベルト空間 $\mathcal{H}$ を考察する. まず, いくつかの関数空間の記号を, 以下のようにおく.

$$A(\Gamma \backslash H) = \{f : \ H \longrightarrow \mathbb{C} \mid f(\gamma z) = f(z) \ (\forall \gamma \in \Gamma, \forall z \in H)\},$$

$$L^2(\Gamma\backslash H) = \{f \in A(\Gamma\backslash H) \mid \|f\|_2 < \infty\},$$
$$B(\Gamma\backslash H) = \{f \in A(\Gamma\backslash H) \mid f \text{ は滑らかで有界}\}.$$

ただし，$L^2(\Gamma\backslash H)$ を，内積

$$(f, g) = \int_F f(z)\overline{g(z)}d\mu(z)$$

を入れてヒルベルト空間とみており，$\|f\|_2$ はその内積から定義されるノルム，すなわち L^2 ノルムである．

空間 $A(\Gamma\backslash H)$ の元を，Γ に関する**保型関数**と呼ぶ．空間 $A(\Gamma\backslash H)$ の定義では，連続性や微分可能性などは一切仮定していない．

定義から直ちにわかるように，包含関係

$$B(\Gamma\backslash H) \subset L^2(\Gamma\backslash H) \subset A(\Gamma\backslash H)$$

が成り立ち，$B(\Gamma\backslash H)$ は $L^2(\Gamma\backslash H)$ 内で稠密である．さらに，基本領域 $\Gamma\backslash H$ がコンパクトならば，いたるところ滑らかな関数は有界であるから，

$$B(\Gamma\backslash H) = C^\infty(\Gamma\backslash H)$$

が成り立つ．

はじめに，ラプラシアン Δ が作用する元に，微分可能性と有界性を仮定する．すなわち，Δ が作用する空間として

$$D(\Gamma\backslash H) = \{f \in B(\Gamma\backslash H) \mid \Delta f \in B(\Gamma\backslash H)\}$$

を考える．$D(\Gamma\backslash H)$ も $L^2(\Gamma\backslash H)$ 内で稠密であり，定理 2.4 でみたように，Δ は非負で対称であるから，定理 5.5 より，ヒルベルト空間 $L^2(\Gamma\backslash H)$ 上に自己共役拡大を持つ．以後，それを改めて Δ と記す．すなわち，微分可能でない $L^2(\Gamma\backslash H)$ の元に対しても Δ が作用している．

作用する空間としてヒルベルト空間 $L^2(\Gamma\backslash H)$ を選択することにより，スペクトル理論において一つの重大な恩恵を得る．それは，以下に紹介する**ヒルベルト–シュミットの定理**である．

一般に，$\mathbb{R}^2$ 内の領域 F 上の積分作用素

$$L:\ f(z) \longmapsto \int_F k(z,w)f(w)dw$$

は，$k \in L^2(F \times F)$ のとき，ヒルベルト–シュミット型と呼ばれる．直ちにわかるように，$f \in L^2(F)$ に対し $L(f) \in L^2(F)$ である．以下，ヒルベルト–シュミット型積分作用素は，

$$L:\ L^2(F) \longrightarrow L^2(F)$$

とみなす．$k(z,w) = \overline{k(z,w)}$ のとき，L は対称作用素となる．

定理 5.6 (ヒルベルト–シュミット) L を，ヒルベルト–シュミット型の対称作用素で，$L \neq 0$ とする．このとき，次の各項目が成り立つ．

- L は離散スペクトルのみを持ち，$\mathrm{Im}(L)$ は固有関数で張られる．すなわち，$\{u_j \mid j \geqq 0\}$ を固有関数のなす極大直交系とするとき，任意の $f \in \mathrm{Im}(L)$ は，次の一様絶対収束級数としての表示を持つ．

$$f(z) = \sum_{j=0}^{\infty} (f, u_j) u_j(z). \tag{5.1}$$

- L の固有空間は有限次元である．
- L の固有値は，0 以外の集積点を持たない．
- L には少なくとも 1 つの固有値が存在し，最大の固有値は次式で与えられる．

$$\mu_0 = \sup_{f \neq 0} \frac{\|L(f)\|}{\|f\|}.$$

定理 5.6 は通常の関数解析学で扱われる $\mathbb{R}^2$ 上で述べたが，上半平面 H の点 $x + iy$ $(x \in \mathbb{R},\ y > 0)$ を $(x,y) \in \mathbb{R}^2$ とみなすことで，2.1 節で扱った H 上の積分作用素 L に対しても成り立つ．

5.2 スペクトル理論

ラプラシアンや不変積分作用素のスペクトルの様子は，基本領域 $\Gamma\backslash H$ がコンパクトであるか非コンパクトであるかによって，大きく異なる．定理 4.13 でみたように，

Γ が放物型の元を持つとき，$\Gamma\backslash H$ は非コンパクトとなり，そのままではヒルベルト–シュミットの定理が適用できず，連続スペクトルを取り除く操作が必要となる．

そこで，以下，本節では $\Gamma\backslash H$ が非コンパクトであると仮定し，その場合にヒルベルト–シュミット型の理論に帰着するための理論を解説する．

非コンパクトのときに存在する無限遠点であるカスプに注目する．今，カスプの処理をすることが目標である．

はじめに，関数空間 $A(\Gamma\backslash H)$ の元を具体的に得る方法を考えてみる．それは，変数に左から $\gamma\in\Gamma$ を掛けても不変であるような関数であるから，あらかじめ Γ の元に関して和（あるいは平均）をとった形の関数なら，良さそうである．

そのような発想のもと，以下，各カスプに対してポアンカレ級数，不完全アイゼンシュタイン級数，アイゼンシュタイン級数を，定義していく．

a を Γ のカスプとし，その標準化行列を σ_a とし，固定化群を Γ_a とおく．$a=i\infty$ のとき，σ_a は単位行列である．$\Gamma_{i\infty}=\Gamma_\infty$ と略記する．関数 $p:\ H\to\mathbb{C}$ を，Γ_∞ 不変な関数とする．このとき，ポアンカレ級数を

$$E_a(z\,|\,p)=\sum_{\gamma\in\Gamma_\infty\backslash\Gamma}p(\sigma_a^{-1}\gamma z) \tag{5.2}$$

と定義する．$E_a(z\,|\,p)\in A(\Gamma\backslash H)$ となることは，直ちにわかる．

一般に，$f\in A(\Gamma\backslash H)$ は変換式

$$f\left(\sigma_a\begin{pmatrix}1&1\\0&1\end{pmatrix}z\right)=f(\sigma_a z)$$

を満たすので，関数 $f(\sigma_a z)$ $(z=x+iy\in H)$ は $x\mapsto x+1$ に関して不変であり，定理 3.7 より，フーリエ展開

$$f(\sigma_a z)=\sum_n f_{a,n}(y)e^{2\pi inx} \tag{5.3}$$

を持ち，f が滑らかな場合，(5.3) は広義一様絶対収束する．ここに，

$$f_{a,n}(y)=\int_0^1 f(\sigma_a z)e^{-2\pi inx}dx$$

はフーリエ係数である．

セルバーグは，ポアンカレ級数(5.2)を，滑らかな関数 $\psi\colon \mathbb{R}_{>0} \to \mathbb{C}$ を用いて

$$p(z) = \psi(y)e(mz) \qquad (m \in \mathbb{Z},\ m \geqq 0)$$

という形の関数に対して適用した．ただし，記号 $e(z)$ は

$$e(z) = e^{2\pi i z}$$

で定義し，以下，ずっとこの記号を用いる．このとき，級数(5.2)は，$\psi(y)$ の比較的弱い条件[*1]の下で，絶対収束する．この級数を

$$E_{a,m}(z \mid \psi) = \sum_{\gamma \in \Gamma_\infty \backslash \Gamma} \psi(\mathrm{Im}(\sigma_a^{-1}\gamma z))e(m\sigma_a^{-1}\gamma z) \tag{5.4}$$

とおき，**重さ付きポアンカレ級数**という．とくに，$m = 0$ のとき，

$$E_a(z \mid \psi) = \sum_{\gamma \in \Gamma_\infty \backslash \Gamma} \psi(\mathrm{Im}(\sigma_a^{-1}\gamma z)) \tag{5.5}$$

とおく．さらに，$\psi(y) = y^s$ $(\mathrm{Re}(s) > 1)$ のとき，**アイゼンシュタイン級数**

$$E_a(z, s) = \sum_{\gamma \in \Gamma_\infty \backslash \Gamma} (\mathrm{Im}(\sigma_a^{-1}\gamma z))^s \tag{5.6}$$

を得る．$E_a(z, s)$ は，z の関数として，$L^2(\Gamma\backslash H)$ に属さない（この事実は，後ほど $E_a(z, s)$ のフーリエ展開を計算することにより証明する）．

一方，ψ がコンパクトな台を持つとき，$E_a(z \mid \psi) \in L^2(\Gamma\backslash H)$ となる．このとき，$E_a(z \mid \psi)$ を**不完全アイゼンシュタイン級数**と呼ぶ．不完全アイゼンシュタイン級数のなす空間を，

$$\mathcal{E}(\Gamma\backslash H) = \{E_a(z \mid \psi) \mid \psi \in C^\infty(\mathbb{R}_{>0}),\ \mathrm{supp}(\psi)\ \text{はコンパクト，}a\ \text{はカスプ}\}$$

とおく．既出の関数空間との包含関係は

$$\mathcal{E}(\Gamma\backslash H) \subset B(\Gamma\backslash H) \subset L^2(\Gamma\backslash H) \subset A(\Gamma\backslash H)$$

であり，$B(\Gamma\backslash H) \subset L^2(\Gamma\backslash H)$ の包含関係が稠密になっている．

通常，内積などを表すとき，関数 $f(z)$ の変数の文字を特定せず単に f と記すことがあるが，この記法に対応し，次の補題では，$E_n(z \mid \psi)$ の変数を明示しない表記を

[*1] たとえば，$\psi(y) = O(y(\log y)^{-2})$ $(y \to 0)$ ならば十分である．詳細な証明は，アメリカ数学会刊行の教科書 Iwaniec: "Spectral Methods of Automorphic Forms" §3.2 にある．

$E_n(*\,|\,\psi)$ と，$*$ を用いて表す．

補題 5.7 $\Gamma\backslash H$ 上で可積分な保型関数 $f \in B(\Gamma\backslash H)$ に対し，

$$\langle f, E_n(*\,|\,\psi)\rangle = \int_0^\infty f_{a,0}(y)\overline{\psi(y)}y^{-2}dy$$

が成り立つ．ただし，$f_{a,0}(y)$ は(5.3)で定義され，$f(z)$ のカスプ a における
フーリエ展開の 0 番目のフーリエ係数である．

証明 変数変換 $\gamma^{-1}\sigma_a z \mapsto z$ を用いて変形すると，

$$\begin{aligned}\langle f, E_n(*\,|\,\psi)\rangle &= \int_{\Gamma\backslash H} f(z) \sum_{\gamma\in\Gamma_a\backslash\Gamma} \overline{\psi(\mathrm{Im}(\sigma_n^{-1}\gamma z)}d\mu(z) \\ &= \sum_{\gamma\in\Gamma_a\backslash\Gamma} \int_{\sigma_a^{-1}\gamma(\Gamma\backslash H)} f(\sigma_a\gamma z)\overline{\psi(y)}d\mu(z).\end{aligned}$$

ここで，γ と z がわたる範囲に注意すると，γz は $\Gamma_a\backslash H$ をわたるので，この級数と
積分を合わせて，

$$z \in \Gamma_a\backslash H = \{x + iy \mid 0 \leqq x < 1,\ y > 0\}$$

上の積分として表せる．よって，

$$\begin{aligned}\langle f, E_n(*\,|\,\psi)\rangle &= \int_{\Gamma_a\backslash H} f(\sigma_a z)\overline{\psi(y)}d\mu(z) \\ &= \int_0^\infty \left(\int_0^1 f(\sigma_a z)dx\right)\overline{\psi(y)}\frac{dy}{y^2}.\end{aligned}$$

最後の括弧内は $f_{a,0}(y)$ に等しいので，目指す結論を得る． Q.E.D.

補題 5.7 を用いて，$B(\Gamma\backslash H)$ 内での $\mathcal{E}(\Gamma\backslash H)$ の直交補空間を求めることができる．
補題 5.7 から

$$\begin{aligned}f \in \mathcal{E}(\Gamma\backslash H) &\Longleftrightarrow \langle f, E_n(*\,|\,\psi)\rangle = 0 \quad (\forall a\ \forall\psi) \\ &\Longleftrightarrow f_{a,0}(y) = 0 \quad (\forall a)\end{aligned}$$

であるから，

$$\mathcal{C}(\Gamma\backslash H) = \{f \in B(\Gamma\backslash H) \mid f_{a,0}(y) = 0 \quad (\forall a)\}$$

とおけば，これが $\mathcal{E}(\Gamma\backslash H)$ の直交補空間となる．ただし，今，全体空間 $B(\Gamma\backslash H)$ は

完備でない．完備な空間として補空間との直和の形で書くために，ノルム位相に関する閉包をとると，$\overline{B(\Gamma\backslash H)} = L^2(\Gamma\backslash H)$ であることから，

$$L^2(\Gamma\backslash H) = \overline{\mathcal{C}(\Gamma\backslash H)} \oplus \overline{\mathcal{E}(\Gamma\backslash H)} \tag{5.7}$$

となる．$\mathcal{C}(\Gamma\backslash H)$ の元を，Γ の**カスプ形式**という．カスプ形式は，任意のカスプにおける値（すなわちフーリエ展開の定数項）が 0 となるような保型関数である．

跡公式(3.15)において，積分核が

$$K(z,w) = \sum_{\gamma\in\Gamma} k(z,\gamma w) \tag{5.8}$$

であるような積分作用素 L を扱うが，この $K(z,w)$ は $\Gamma\backslash H \times \Gamma\backslash H$ 上で非有界である．このことは，z と w が共通のカスプに限りなく近づくとき，測地距離 $\rho(z,w)$ の等しい組 (z,w) の個数が限りなく大きくなることからわかる．

そこで，$K(z,w)$ を補正してヒルベルト–シュミット型の作用素とするために，

$$H_{\mathfrak{a}}(z,w) = \sum_{\gamma\in\Gamma_{\mathfrak{a}}\backslash\Gamma} \int_{-\infty}^{\infty} k(z,\sigma_a n(t)\sigma_a^{-1}\gamma w)dt \tag{5.9}$$

とおき，これを差し引く方針で話を進める．ただし，

$$n(t) = \begin{pmatrix} 1 & t \\ 0 & 1 \end{pmatrix}$$

である．$H_{\mathfrak{a}}(z,w)$ を $K(z,w)$ の**主要部分**と呼ぶ．すぐにわかるように，$H_{\mathfrak{a}}(z,w)$ は，w の関数として Γ 不変である．

本書では証明しないが，w の関数として

$$H_{\mathfrak{a}}(z,w) \in B(\Gamma\backslash H) \tag{5.10}$$

であること[*2]が知られている．

以下，しばらくの間（命題 5.9 の終りまで），$k(z,w)$ は Γ 不変な積分核であり，命題 2.8 により $k(z,w)$ に対応する一変数関数 $k(u)$ が，コンパクトな台を持つと仮定する．ただし，この仮定は証明を簡略化するためであり，本質的ではない．命題 5.9 の後で，この仮定を緩和できることを説明する．

[*2] 証明は，たとえば，Iwaniec: "Spectral Methods of Automorphic Forms"（アメリカ数学会刊行）の数式（4.7）にある．

命題 5.8　任意の $z \in H$ に対し，w の関数 $H_a(z,w)$ はカスプ形式の空間 $\mathcal{C}(\Gamma\backslash H)$ に直交する．すなわち，

$$\langle H_a(z,*), f\rangle = 0 \qquad (\forall f \in \mathcal{C}(\Gamma\backslash H)) \tag{5.11}$$

が成り立つ．

証明　z は任意であるから，(5.11) において z を $\sigma_a z$ で置き換えた式を証明すれば良い．

$$\begin{aligned}
\langle H_a(\sigma_a z,*), f\rangle &= \int_{\Gamma\backslash H}\left(\sum_{\gamma\in\Gamma_a\backslash\Gamma}\int_{-\infty}^{\infty} k(\sigma_a z, \sigma_a n(t)\sigma_a^{-1}\gamma w)dt\right)\overline{f(\sigma_a w)}d\mu(w)\\
&= \int_{\Gamma_\infty\backslash H}\left(\int_{-\infty}^{\infty} k(z, n(t)w)dt\right)\overline{f(\sigma_a w)}d\mu(w)\\
&= \int_0^\infty\int_0^1\left(\int_{-\infty}^{\infty} k(z, t+u+iv)dt\right)\overline{f(\sigma_a(u+iv))}\frac{dudv}{v^2}\\
&= \int_0^\infty\left(\int_{-\infty}^{\infty} k(z, t+iv)dt\right)\left(\int_0^1\overline{f(\sigma_a(u+iv))}du\right)\frac{dv}{v^2}\\
&= \int_0^\infty\left(\int_{-\infty}^{\infty} k(z, t+iv)dt\right)f_{a,0}(v)\frac{dv}{v^2}
\end{aligned}$$

であるから，$f \in \mathcal{C}(\Gamma\backslash H)$ ならば $f_{a,0}(v) = 0$ より，$\langle H_a(\sigma_a z,*), f\rangle = 0$ となる．

Q.E.D.

$K(z,w)$ の主要部分をすべてのカスプ a にわたって足し合わせた総和を，$K(z,w)$ の**総主要部分**と呼び，$H(z,w)$ と書く．すなわち，

$$H(z,w) = \sum_a H_a(z,w)$$

である．そして，$K(z,w)$ から総主要部分を差し引いた

$$\widehat{K}(z,w) = K(z,w) - H(z,w)$$

を，$K(z,w)$ の**コンパクト部分**と呼ぶ．

作用素 L が $K(z,w)$ を積分核とするとき，そのコンパクト部分 $\widehat{K}(z,w)$ を積分核とする作用素を $\widehat{L}$ とおき，L のコンパクト部分と呼ぶ．

命題 5.8 から，直ちに次の事実を得る．

系 $f \in \mathcal{C}(\Gamma\backslash H)$ ならば，$Lf = \widehat{L}f$ である．

積分核のコンパクト部分が有界である事実を，次に紹介する．

命題 5.9 (5.8)で定義される積分核 $K(z,w)$ のコンパクト部分 $\widehat{K}(z,w)$ は，$\Gamma\backslash H \times \Gamma\backslash H$ 上で有界である．

証明 証明はスケッチにとどめる．まず，積分核 $K(z,w)$ について，無限和(5.8)を構成する $\gamma \in \Gamma$ のうち，主要項として寄与する元の型を考える．z と γw が近いような項がどれくらい沢山あるかが問題となる．γ が楕円型のときは，H 内の一つの固定点を共有する基本領域は有限個であり，それらを移しあう有限個の元を除くすべての楕円型の元によって，z と γw はある程度離れてしまうため，積分核の値への寄与は有界となる．γ が双曲型のときも同様であり，一つの測地辺を共有する基本領域が有限個であるから，積分核の値への寄与は有界である．これに対し，γ が放物型のときは，一つのカスプを共有する基本領域が無数に存在するので，それらを互いに移しあう放物元 γ によって，いくらでも近い z と γw の組を，いくらでも沢山構成できる．以上の考察から，主要項をなすのは放物型の元である．この結論を式で書くと，

$$K(z,w) = \sum_{\gamma \in \Gamma_a} k(z,\gamma w) + O(1)$$

となる．

次に，積分核の主要部分については，定義式(5.9)のうち，$\gamma = 1$（単位行列）の寄与が最大となることが，(5.11)よりわかる．すなわち，

$$H_a(z,w) = \int_{-\infty}^{\infty} k(z, \sigma_a n(t) \sigma_a^{-1} w) dt + O(1)$$

である．

以上より，コンパクト部分は，

$$\widehat{K}(z,w) = \sum_{\gamma \in \Gamma_a} k(z,\gamma w) - \int_{-\infty}^{\infty} k(z, \sigma_a n(t) \sigma_a^{-1} w) dt + O(1)$$

である．そこで，

$$J_a(z,w)=\sum_{\gamma\in\Gamma_a}k(z,\gamma w)-\int_{-\infty}^{\infty}k(z,\sigma_a n(t)\sigma_a^{-1}w)dt$$

とおき，これが有界であることを示せば良い．z, w は任意だから，z, w を $\sigma_a z$, $\sigma_a w$ で置き換えた

$$J_a(\sigma_a z,\sigma_a w)=\sum_{b\in\mathbb{Z}}k(z,w+b)-\int_{-\infty}^{\infty}k(z,w+t)dt$$

について，これが有界であることを示せば良い．オイラー–マクローリンの公式により，これは，$\psi(t)=t-[t]-\dfrac{1}{2}$ を用いて，次のように変形できる．

$$\begin{aligned}J_a(\sigma_a z,\sigma_a w)&=\int_{-\infty}^{\infty}\psi(t)dk(z,w+t)\\&=O\left(\int_0^{\infty}|k'(u)|du\right)=O(1).\end{aligned}$$

Q.E.D.

ここまで，$k(u)$ がコンパクトな台を持つことを仮定してきた．この仮定のおかげで，z と w が十分離れているときに $k(z,w)=0$ となることから，距離 $\rho(z,w)$ が小さい場合のみを考えれば良く，証明に成功した．しかし，証明の内容をみるとわかるように，$k(z,w)=0$ は級数の評価に用いており，そのためには，必ずしも $k(z,w)=0$ でなくても，$k(z,w)$ がある程度小さければ同じ結論を得ることができる．その議論は本書では省略するが，たとえば，

$$k(u)=O((u+1)^{-2})\quad かつ\quad k'(u)=O((u+1)^{-2}) \tag{5.12}$$

であれば，命題 5.9 が成り立つ．

命題 5.9 により，積分作用素 L のコンパクト部分 $\widehat{L}$ は $L^2(\Gamma\backslash H)$ 上のヒルベルト–シュミット型作用素であることが示された．したがって，$\widehat{L}$ には定理 5.6 を適用でき，任意の $f\in\mathrm{Im}(\widehat{L})$ は

$$f(z)=\sum_{j=0}^{\infty}\langle f,u_j\rangle u_j(z) \tag{5.13}$$

と，$\widehat{L}$ の固有関数からなる極大直交系 $\{u_j\}_{j=0}^{\infty}$ $(u_j\in L^2(\Gamma\backslash H))$ を用いて展開できる．

だが，ここで，一つ問題がある．それは，$\mathrm{Im}(\widehat{L})$ が，$L^2(\Gamma\backslash H)$ 内で稠密ではない

ことである．そのため，展開(5.13)は，任意の $f \in L^2(\Gamma\backslash H)$ に対して必ずしも成り立たない．

この問題を解決するため，(2.15)で定義したリゾルベント作用素

$$(R_s f)(z) = -\int_H G_s(u(z,w))f(w)d\mu(w)$$

を用いる．ただし，グリーン関数 $G_s(u)$ の $u=0$ における特異点を解消するため，作用素 L を

$$L = R_s - R_a \qquad (a > s \geqq 2) \tag{5.14}$$

と定義する．すると，命題 2.12 より，$k(u) = G_s(u) - G_a(u)$ が条件(5.12)を満たすことから，命題 5.9 を満たす．さらに，72 ページの系より，L の像は $L^2(\Gamma\backslash H)$ 内で稠密となる．上に述べた手順で主要部分を差し引いたコンパクト部分 $\widehat{L}$ は有界となり，$\widehat{L}$ の像は部分空間 $\mathcal{C}(\Gamma\backslash H) \subset L^2(\Gamma\backslash H)$ 内で稠密となる．これは，

$$L = (s(1-s) - a(1-a))R_s R_a$$

の表示より，$f \in D(\Gamma\backslash H)$ に対して $Lg = f$ なる $g \in D(\Gamma\backslash H)$ を，

$$g = (s(1-s) - a(1-a))^{-1}(\Delta + a(1-a))(\Delta + s(1-s))f \in D(\Gamma\backslash H)$$

と選べることによりわかる．その上，$f \in C(\Gamma\backslash H)$ ならば $g \in C(\Gamma\backslash H)$ となるので，133 ページの系より，$\widehat{L}g = f$ となる．以上のことから，部分空間 $C(\Gamma\backslash H) \cap D(\Gamma\backslash H) \subset L^2(\Gamma\backslash H)$ は $\mathrm{Im}(\widehat{L})$ 内で稠密となり，また $C(\Gamma\backslash H)$ 内でも稠密となる．この結果とヒルベルト–シュミットの定理（定理 5.6）から，次の結論を得る．

命題 5.10 (5.14)で定義された作用素 L: $D(\Gamma\backslash H) \to D(\Gamma\backslash H)$ による部分空間 $\mathcal{C}(\Gamma\backslash H)$ の像は $D(\Gamma\backslash H)$ 内で稠密であり，L のスペクトルは固有値のみからなる．$\{u_j\}$ を L の固有関数からなる完全正規直交系とすると，任意の $f \in C(\Gamma\backslash H) \cap D(\Gamma\backslash H)$ は広義一様絶対収束する展開級数(5.13)の表示を持つ．

(5.14)で定義された作用素 L とラプラシアン Δ は可換であり，かつ，両者ともに

対称作用素である．可換な対称行列は同時対角化可能である（すなわち，同一の固有関数系を持つ）という線形代数学の基本的な定理は，可換な対称作用素にも容易に拡張できる．この拡張された事実を用いると，命題 5.10 の $\{u_j\}$ は Δ の固有関数でもあることが示される．以上より，次の定理を得る．

定理 5.11 ラプラシアン Δ を $\mathcal{C}(\Gamma\backslash H)$ 上の作用素とみたとき，Δ のスペクトルは固有値のみからなる．すなわち，$\mathcal{C}(\Gamma\backslash H)$ は Δ の固有関数（カスプ形式）で張られる．カスプ形式からなる完全正規直交系を $\{u_j\}$ とおくと，任意の $f \in \mathcal{C}(\Gamma\backslash H)$ は固有関数展開

$$f(z) = \sum_{j=1}^{\infty} \langle f, u_j \rangle u_j(z)$$

を持つ．この展開は L^2 収束する．$f \in \mathcal{C}(\Gamma\backslash H) \cap D(\Gamma\backslash H)$ ならば，この展開は広義一様絶対収束する．

5.3 コンパクト・リーマン面の跡公式

セルバーグ跡公式は，$SL(2,\mathbb{R})$ の離散部分群 Γ に対して計算される．Γ に属する元の型は，基本領域 $\Gamma\backslash H$ の性質に関係し，それが跡公式の形を決定する．ここで，Γ に属する元の型と基本領域 $\Gamma\backslash H$ の性質の関係を，前節までに得た事実をもとにまとめておく．

命題 5.12 基本領域 $\Gamma\backslash H$ が面積有限であると仮定する．このとき，部分群 Γ が持つ元の種類と基本領域 $\Gamma\backslash H$ の性質の間に，以下の関係がある．

- Γ は必ず双曲型の元を持つ．
- Γ が楕円型の元を持つことは，基本領域が錐点（とがった点）を持つことと同値である．すなわち，Γ が楕円型の元を持たないことは，基本領域が滑らかな多様体であることと同値である．
- Γ が放物型の元を持つことは，基本領域が非コンパクトであることと同値である．すなわち，Γ が放物型の元を持たないことは，基本領域がコンパクトであることと同値である．

したがって，Γ が単位元と双曲型の元のみを持つ場合が最も簡単であり，このとき基本領域 $\Gamma\backslash H$ は滑らかかつコンパクトとなる．以下，本節ではこの場合に説明を行う．

ここでひとつ，このような性質を満たす Γ の実例を挙げておこう：

[例 1]　次の四元数環 A に由来する離散群 $\Gamma(A,\mathcal{O})$ は，単位元と双曲元のみからなる．

$$
\begin{aligned}
&A = \left(\frac{2,5}{\mathbb{Q}}\right),\\
&\mathcal{O} = \{x = x_0 + x_1 i + x_2 j + x_3 k \mid x_j \in \mathbb{Z}\ (j = 0,1,2,3)\}.
\end{aligned}
$$

証明　2 が 5 を法として平方非剰余であるから，定理 4.5 より A は可除環であり，定理 4.11 より基本領域はコンパクトとなるから，定理 4.13 より $\Gamma(A,\mathcal{O})$ は放物元を持たない．

次に，

$$
\Gamma(A,\mathcal{O}) = \left\{\gamma = \begin{pmatrix} x_0 + x_1\sqrt{2} & x_2 + x_3\sqrt{2} \\ 5(x_2 - x_3\sqrt{2}) & x_0 - x_1\sqrt{2} \end{pmatrix} \in SL(2,\mathbb{R}) \;\middle|\; \begin{array}{r} x_0, x_1, x_2, x_3 \in \mathbb{Z}, \\ x_0^2 - 2x_1^2 - 5x_2^2 + 2\cdot 5x_3^2 = 1 \end{array} \right\}
$$

であり，$\gamma \in \Gamma$ が楕円元となる条件は，$|\mathrm{tr}\gamma| = |2x_0| < 1$，すなわち，$x_0 = 0$ である．よってこのとき，不定方程式

$$
x_0^2 - 2x_1^2 - 5x_2^2 + 2\cdot 5x_3^2 = 1
$$

は，

$$
-2x_1^2 - 5x_2^2 + 2\cdot 5x_3^2 = 1
$$

なる解を持つ．しかし，両辺を 5 を法としてみると，

$$
-2x_1^2 \equiv 1 \pmod 5
$$

となり，これを満たす $x_1 \in \mathbb{Z}$ は存在しない．よって，楕円元 $\gamma \in \Gamma$ は存在しない．

Q.E.D.

これより，跡公式(3.16)の計算を行う．

はじめに，(3.16)の左辺の積分は，群 Γ の各元 γ に対して定義されるが，これは Γ 内の共役な元については等しくなることに注意する．実際，γ, γ' が共役であるとすると，共役の定義により，ある $\gamma_0 \in \Gamma$ が存在して

$$\gamma = \gamma_0^{-1}\gamma'\gamma_0$$

が成り立つ．このとき，$d\mu(z) = \dfrac{dxdy}{y^2}$ に対して

$$\begin{aligned}\int_{\Gamma\backslash H} k(z, \gamma z)d\mu(z) &= \int_{\Gamma\backslash H} k(z, \gamma_0^{-1}\gamma'\gamma_0 z)d\mu(z) \\ &= \int_{\Gamma\backslash H} k(\gamma_0 z, \gamma'\gamma_0 z)d\mu(z) \\ &= \int_{\Gamma\backslash H} k(z, \gamma' z)d\mu(\gamma_0 z) \qquad (\gamma_0 z \text{ を改めて } z \text{ とおいた})\end{aligned}$$

となる．定理2.1より，$d\mu(\gamma_0 z) = d\mu(z)$ であるから，

$$\int_{\Gamma\backslash H} k(z, \gamma z)d\mu(z) \quad = \quad \int_{\Gamma\backslash H} k(z, \gamma' z)d\mu(z)$$

となる．よって(3.16)の左辺は，γ と γ' で等しい．

そこで，(3.16)の左辺の各項のうち，共役な γ の項をまとめる．γ' と γ が共役であるとすると，ある γ_0 により

$$\gamma' = \gamma_0\gamma\gamma_0^{-1}$$

が成り立つ．この $\gamma_0 \in \Gamma$ を与えるたびに γ' は決まるわけだが，異なる γ_0 が必ずしも異なる γ' に対応するとは限らない．実際，γ_0 が γ と可換な元 α と γ_1 の積に $\gamma_0 = \gamma_1\alpha$ と分解されたとすると，

$$\gamma' = \gamma_0\gamma\gamma_0^{-1} = (\gamma_1\alpha)\gamma(\gamma_1\alpha)^{-1} = \gamma_1\alpha\gamma\alpha^{-1}\gamma_1^{-1} = \gamma_1\gamma\gamma_1^{-1}$$

となり，γ_0 と γ_1 は同じ共役元 γ' に対応する．したがって，γ と可換な元 α の分だけ重複があることになる．γ と可換な元の全体からなる Γ の部分群（これを正規化群という）を Γ_γ と置くと，$\gamma_0 \in \Gamma_\gamma\backslash\Gamma$ ごとに異なる共役元が得られる．そこで(3.16)の左辺のうち，γ に共役な元たちの項をまとめたものは，

$$\sum_{\gamma_0\in\Gamma_\gamma\backslash\Gamma} \int_{\Gamma\backslash H} k(z, \gamma_0^{-1}\gamma\gamma_0 z)d\mu(z)$$

となる．これは，跡公式の（TF2，97 ページ）を用いて

$$\sum_{\gamma_0 \in \Gamma_\gamma \backslash \Gamma} \int_{\Gamma \backslash H} k(\gamma_0 z, \gamma\gamma_0 z) d\mu(z)$$

に等しく，さらに $\gamma_0 z$ を改めて z と置き直すと，和と積分が，積分範囲を広げた一つの積分で

$$\int_{\Gamma_\gamma \backslash H} k(z, \gamma z) d\mu(z)$$

と書ける．

したがって，(3.16) は Γ の共役類の集合 $\mathrm{Conj}(\Gamma)$ を用いて

$$\sum_{\gamma \in \mathrm{Conj}(\Gamma)} \int_{\Gamma_\gamma \backslash H} k(z, \gamma z) d\mu(z) = \text{（固有値の和）} \tag{5.15}$$

と表される．

これより，各共役類 γ に対して跡公式 (5.15) の左辺を計算する．本節では，$\Gamma \backslash H$ がコンパクト・リーマン面である場合を扱うので，命題 5.12 により，Γ は単位行列（およびその -1 倍）と双曲型の元のみからなる．

はじめに，γ が単位行列の場合に計算する．単位行列は一元で共役類をなしている．この場合 $\Gamma_\gamma = \Gamma$ だから，積公式 (5.15) の左辺は（TF1，97 ページ）を用いることにより，

$$\begin{aligned} \int_{\Gamma \backslash H} k(z, z) d\mu(z) &= \int_{\Gamma \backslash H} k(z - z) d\mu(z) \\ &= \int_{\Gamma \backslash H} k(0) d\mu(z) \\ &= k(0)\mathrm{vol}(\Gamma \backslash H). \end{aligned} \tag{5.16}$$

これが積公式の，単位行列に対する項である．γ が単位行列の -1 倍である場合も，γ の作用は恒等写像であり，$\Gamma_\gamma = \Gamma$ だから，同じ結論 (5.16) を得る．本節では，$\begin{pmatrix} -1 & 0 \\ 0 & -1 \end{pmatrix} \in \Gamma$ であるか否かについては特に定めていないが，仮に $\begin{pmatrix} -1 & 0 \\ 0 & -1 \end{pmatrix} \in \Gamma$ であってもその寄与は単位行列の項と同じであり，結論として得る跡公式は，(5.16)

に2倍の係数が付くだけである．なお，Γ を H の等長変換群

$$PSL(2,\mathbb{R}) \cong SL(2,\mathbb{R}) \Big/ \left\{ \pm \begin{pmatrix} 1 & 0 \\ 0 & 1 \end{pmatrix} \right\}$$

の離散部分群とみる場合は，このような便宜は必要ない．

次に，γ が双曲型の場合を計算する．一般に，共役類の集合 $\mathrm{Conj}(\Gamma)$ には，積を定義できない．各共役類の代表元の選び方によって，2つの共役類の積の共役類が異なるからである．しかし，同じ元を何回か掛けた「べき乗」の概念は定義できる．たとえば，ある共役類が他の共役類の2乗であるという概念は，共役類の代表元の取り方の影響を受けない．そこで，他の共役類の2乗以上のべき乗になっていない共役類を素な共役類と呼ぶ．Γ の素な共役類の全体を $\mathrm{Prim}(\Gamma)$ と書くと，積公式（5.15）の左辺のうち双曲型の項は次のように表せる．

$$\sum_{p \in \mathrm{Prim}(\Gamma)} \sum_{j=1}^{\infty} \int_{\Gamma_p \backslash H} k(z, p^j z) d\mu(z). \tag{5.17}$$

なお，べき乗の正規化群はもとの元の正規化群と同じである事実（$\Gamma_{p^j} = \Gamma_p$）を用いた．

ここで，行列 p, p^j の G 内での対角化を

$$q^{-1} p q = \begin{pmatrix} \beta & 0 \\ 0 & \beta^{-1} \end{pmatrix}, \quad q^{-1} p^j q = \begin{pmatrix} \beta^j & 0 \\ 0 & \beta^{-j} \end{pmatrix} \qquad (\beta > 1)$$

と置き，（5.17）の積分内の p^j を $\begin{pmatrix} \beta^j & 0 \\ 0 & \beta^{-j} \end{pmatrix}$ で置き換える操作を，以下に行う．まず，（5.17）の積分で z を qz で置き換えて，

$$\int_{q^{-1}(\Gamma_p \backslash H)} k(qz, p^j qz) d\mu(z).$$

これは，（TF2）を用いると

$$\int_{q^{-1}(\Gamma_p \backslash H)} k(z, q^{-1} p^j qz) d\mu(z)$$

すなわち

$$\int_{q^{-1}(\Gamma_p \backslash H)} k\left(z, \begin{pmatrix} \beta^j & 0 \\ 0 & \beta^{-j} \end{pmatrix} z\right) d\mu(z) = \int_{q^{-1}(\Gamma_p \backslash H)} k(z, \beta^{2j} z) d\mu(z)$$

に等しい．積分範囲は Γ_p の基本領域であり，どの基本領域を取っても積分の結果は同じになるから，一番わかりやすい基本領域を取ればよい．行列 $\begin{pmatrix} \beta & 0 \\ 0 & \beta^{-1} \end{pmatrix}$ は上半平面の点を β^2 倍する写像だから，たとえば基本領域として

$$-\infty < x < \infty, \qquad 1 \leqq y < \beta^2$$

が取れる．ここで，定理 2.15 の前で定義した一変数関数の記号 $k(u)$ を用い，命題 2.8 より，

$$k(z,w) = k\left(\frac{|z-w|^2}{4\mathrm{Im}z\mathrm{Im}w}\right)$$

である．この記号を用いて積分の計算を進めると，以下のようになる．

$$\begin{aligned}\iint_{\substack{-\infty<x<\infty\\1\leqq y<\beta^2}} k(z,\beta^{2j}z)d\mu(z) &= \iint_{\substack{-\infty<x<\infty\\1\leqq y<\beta^2}} h\left(\frac{|z-\beta^{2j}z|^2}{4\beta^{2j}y^2}\right)d\mu(z) \\ &= \int_1^{\beta^2}\int_0^\infty k\left(\frac{(\beta^{2j}-1)^2}{4\beta^{2j}}\left(1+\frac{x^2}{y^2}\right)\right)dx\frac{dy}{y^2}.\end{aligned}$$

ここで，

$$v = \frac{(\beta^{2j}-1)^2}{4\beta^{2j}} = \sinh^2(j\log\beta) \qquad \text{かつ} \qquad x = y\sqrt{u}$$

とおくと，$dx = \dfrac{ydy}{2\sqrt{u}}$ より，

$$\begin{aligned}\iint_{\substack{-\infty<x<\infty\\1\leqq y<\beta^2}} k(z,\beta^{2j}z)d\mu(z) &= \int_1^{\beta^2}\int_0^\infty k\left(v\left(1+u\right)\right)\frac{1}{2\sqrt{u}}\frac{dy}{y} \\ &= \int_1^{\beta^2}\frac{dy}{y}\int_0^\infty k\left(v\left(1+u\right)\right)\frac{du}{2\sqrt{u}} \\ &= (\log\beta^2)\int_0^\infty k\left(v\left(1+u\right)\right)\frac{du}{2\sqrt{u}}.\end{aligned}$$

さらに，$t = v(1+u)$ とおくと，$du = \dfrac{dt}{v}$ かつ $u = \dfrac{t-v}{v}$ であるから，

$$\iint_{\substack{-\infty<x<\infty\\1\leqq y<\beta^2}} k(z,\beta^{2j}z)d\mu(z) = (\log\beta^2)\int_v^\infty k\left(t\right)\frac{\sqrt{v}}{2\sqrt{t-v}}\frac{dt}{v}$$

$$= \frac{\log \beta^2}{2\sqrt{v}} \int_v^\infty k\,(t)\,\frac{1}{\sqrt{t-v}}dt$$
$$= \frac{\log \beta^2}{\beta^j - \beta^{-j}} \int_v^\infty k\,(t)\,\frac{1}{\sqrt{t-v}}dt.$$

よって，

$$q(v) = \int_v^\infty k\,(t)\,\frac{1}{\sqrt{t-v}}dt \tag{5.18}$$

とおけば，

$$\iint_{\substack{-\infty<x<\infty \\ 1 \leqq y < \beta^2}} k(z, \beta^{2j}z)d\mu(z) = \frac{\log \beta^2}{\beta^j - \beta^{-j}} q(v)$$

となり，さらに，

$$g(r) = 2q\left(\sinh^2 \frac{r}{2}\right) \tag{5.19}$$

とおけば，

$$\iint_{\substack{-\infty<x<\infty \\ 1 \leqq y < \beta^2}} k(z, \beta^{2j}z)d\mu(z) = \frac{1}{2}\frac{\log \beta^2}{\beta^j - \beta^{-j}} g(\log \beta^{2j})$$

となる．関数 $g(u)$ はもともと積分作用素を与えていた二変数関数 $k(z,w)$ から (5.18)，(5.19) により

$$k(z,w) \to k(t) \to q(v) \to g(u)$$

の手順で作られた関数である．(5.19) より，$g(r)$ は偶関数である．

以上の計算で，β^2, β^{2j} といった量が何度も出てきた．それらは行列 p, p^j の固有値の2乗である．β^2 を双曲共役類 p のノルムと呼び，$N(p)$ と書く．すなわち，

$$N(p) = \beta^2, \qquad N(p^j) = \beta^{2j} \tag{5.20}$$

である．このノルムの記号を用いて，上の積分の結果を書き直すと，

$$\frac{1}{2}\frac{\log N(p)}{N(p)^{j/2} - N(p)^{-j/2}} g(\log N(p)^j) \tag{5.21}$$

となる．

以上で，跡公式 (3.16)，(5.15) の左辺の計算を完了した．(5.16)，(5.21) より，Γ

の単位元と双曲共役類の寄与を合わせた結果は，

$$k(0)\mathrm{vol}(\Gamma\backslash H)+\frac{1}{2}\sum_{p\in\mathrm{Prim}(\Gamma)}\sum_{j=1}^{\infty}\frac{\log N(p)}{N(p)^{j/2}-N(p)^{-j/2}}g(\log N(p)^j)$$

である．

次に，もう一方の「固有値の和」について，跡公式(3.16)，(5.15) の右辺を詳しくみる．定理 2.15 より，積分作用素の固有関数はラプラシアンの固有関数と一致し，積分作用素の固有値は，ラプラシアンの固有値 λ のみの関数となる．その関数の形を，次の命題は与えている．

命題 5.13 定理 2.15 で与えられる関数 $\Lambda(\lambda)$（積分作用素の固有値をラプラシアンの固有値の関数として表したもの）は，次式で与えられる．

$$\Lambda(\lambda)=\widehat{g}(t).$$

ただし，$\widehat{g}(t)$ は，積分核 $k(z,w)$ から(5.18)，(5.19)の手順を踏んで定義された $g(r)$ の，フーリエ変換である．また，ラプラシアンの固有値 λ の定義を $\Delta f+\lambda f=0$ としており，$\lambda\geqq 0$ である．t は，λ から $\lambda=\frac{1}{4}+t^2$ によって（符号を除いて）定まる複素数である．

$g(r)$ が偶関数であるから，$\widehat{g}(t)$ も偶関数であり，値は t の符号によらないことを注意しておく．

証明 $\Lambda(\lambda)$ は固有関数によらず，固有値のみによるので具体的な固有関数 $f(w)=(\mathrm{Im}w)^s$ に対して計算する．まず，

$$-\Delta f=s(1-s)f$$

であるから，$\lambda=s(1-s)$ であり，$\lambda=\frac{1}{4}+t^2$ より，$s=\frac{1}{2}\pm it$ である．次に，

$$\begin{aligned}(Lf)(z)&=\int_H k(z,w)(\mathrm{Im}w)^s d\mu(w)\\&=\int_H k\left(\frac{|z-w|^2}{4\mathrm{Im}z\mathrm{Im}w}\right)(\mathrm{Im}w)^s d\mu(w)\end{aligned}$$

である．とくに $z=i$ のとき，$w=x+iy$ とおくと，

$$\begin{aligned}(Lf)(i) &= \int_H k\left(\frac{|i-w|^2}{4\mathrm{Im}w}\right)(\mathrm{Im}w)^s d\mu(w)\\ &= \int_0^\infty \int_{-\infty}^\infty k\left(\frac{x^2+(y-1)^2}{4y}\right) y^s \frac{dxdy}{y^2}\\ &= 2\int_0^\infty \int_0^\infty k\left(\frac{x^2+(y-1)^2}{4y}\right) y^s \frac{dxdy}{y^2}.\end{aligned}$$

ここで変数変換 $x = 2\sqrt{uy}$ と $y = e^r$ を施すと,

$$\begin{aligned}(Lf)(i) &= 2\int_{-\infty}^\infty e^{irt}\left(\int_v^\infty k(u)\frac{du}{\sqrt{u-v}}\right) dr\\ &= 2\int_{-\infty}^\infty e^{irt} q(v) dr\\ &= 2\int_{-\infty}^\infty e^{irt} q\left(\sinh^2 \frac{r}{2}\right) dr\\ &= \int_{-\infty}^\infty e^{irt} g(r) dr = \widehat{g}(t).\end{aligned}$$

Q.E.D.

よって，跡公式の右辺の各固有値は $\widehat{g}(t)$ となり，跡公式の右辺は

$$\sum_{\lambda:\ \Delta\ \text{の固有値}} \widehat{g}(t) \qquad \left(\lambda = \frac{1}{2} + t^2\right).$$

となる.

以上で跡公式の最終的な形を得たので，定理として記しておく．なお，関数 $\widehat{g}(t)$ は $k(z,w)$（あるいは $k(t)$）のセルバーグ変換と呼ばれる.

定理 5.14（コンパクト・リーマン面のセルバーグ跡公式）　楕円型と放物型の共役類を持たないような離散部分群 $\Gamma \subset SL(2,\mathbb{R})$ に対し，次式が成り立つ.

$$\sum_{\lambda:\ \Delta\ \text{の固有値}} \widehat{g}(t) = k(0)\mathrm{vol}(\Gamma\backslash H) + \frac{1}{2}\sum_p \sum_{j=1}^\infty \frac{\log N(p)}{N(p)^{\frac{j}{2}} - N(p)^{-\frac{j}{2}}} g(\log N(p)^j) \tag{5.22}$$

ただし，ラプラシアンの固有値 λ から，$t \in \mathbb{C}$ を $\lambda = \dfrac{1}{2} + t^2$ によって定義す

る．p にわたる和は，群 Γ の双曲型共役類の全体をわたる．関数 $\widehat{g}$ は，k のセルバーグ変換である．

関数 k や g は，決まったものではなく，それらを選ぶごとに跡公式として様々な等式が得られる．そこでこれらの関数 k, g を跡公式のテスト関数と呼ぶ．

セルバーグはここまで跡公式を計算したところで，(5.22) の右辺が，リーマン・ゼータ関数の明示公式に似ていることに気がついた．そこで，

$$\zeta(s) \Longleftrightarrow \text{明示公式}$$
$$? \Longleftrightarrow \text{跡公式}$$

の対応で，跡公式に対応する新しいゼータ関数が存在するのではないかと考えた．これがセルバーグ・ゼータ関数の発見の経緯である．

第6章 セルバーグ・ゼータ関数

6.1 セルバーグ・ゼータ関数の導出

通常，リーマン・ゼータ関数の明示公式は，最初に関数 $\zeta(s)$ が定義されていて，そこから明示公式が証明される．しかし，セルバーグ跡公式では逆に，最初に跡公式が示され，そこからセルバーグ・ゼータ関数の具体的な形を求める．本節では，セルバーグ跡公式からいかにしてセルバーグ・ゼータ関数に到達するか，その過程を解説する．

そのために，まず $\zeta(s)$ について確認してみよう．仮に，$\zeta(s)$ という関数の存在がわかっていながらその形がわからず，明示公式だけがわかっているものとする．関数の形がわからなくても存在がわかっているから，零点にわたる和を用いた明示公式は意味を持つ．セルバーグ・ゼータ関数に対する私たちは，ちょうどこんな状態である．

リーマン・ゼータ関数の明示公式は，次のようなものである．

$$2h\left(\frac{i}{2}\right) - g(0)\log\pi + \frac{1}{2\pi}\int_{-\infty}^{\infty} h(r)\frac{\Gamma'}{\Gamma}\left(\frac{1}{4}+\frac{1}{2}ir\right)\,dr \\ - 2\sum_p \sum_{k=1}^{\infty} \frac{\log p}{\sqrt{p^k}} g(\log p^k) = \sum_\gamma h(\gamma). \quad (6.1)$$

ただし，記号 γ は，$\zeta(s)$ の零点を $\rho = \dfrac{1}{2} + i\gamma$ と表したもので，和は零点の全体にわたる．

この明示公式を出発点として，$\zeta(s)$ の具体的な形を復元することが可能だろうか．それには，テスト関数 g を選んで明示公式(6.1) の下段の p にわたる和の項から，$\zeta(s)$ の対数微分

$$\frac{\zeta'}{\zeta}(s) = -\sum_p \sum_{k=1}^{\infty} \frac{\log p}{p^{ks}} \quad (6.2)$$

の形を導きだせばよい．

(6.1) と (6.2) をよく見比べれば，

$$g(u) = e^{-u(s-\frac{1}{2})} \qquad (s \text{ は定数}, \ \mathrm{Re}(s) > 1)$$

と取ればよいことがわかる．そうすると，(6.1) の項は

$$-2\sum_p \sum_{j=1}^{\infty} \frac{\log p}{\sqrt{p^j}} p^{-j(s-\frac{1}{2})} = -2\sum_p \sum_{j=1}^{\infty} p^{-js} \log p$$

となり，s で積分すると

$$2\sum_p \sum_{j=1}^{\infty} \frac{p^{-js}}{j} = -2\sum_p \log(1-p^{-s}) = 2\log\prod_p (1-p^{-s})^{-1}$$

となり，ここで登場した log の中身が，リーマン・ゼータ関数の具体的な形

$$\zeta(s) = \prod_p (1-p^{-s})^{-1}$$

となる．こうして，明示公式からリーマン・ゼータ関数 $\zeta(s)$ を得ることができた．

以上の計算の過程をまとめると，結局，明示公式の素数にわたる和の項は

$$2\frac{\zeta'}{\zeta}(s)$$

の形をしていたことがわかる．このように計算を行うことで，仮に最初にオイラー積表示を知らなかったとしても，明示公式から出発してオイラー積表示が得られるのである．

ではこの原理をセルバーグ跡公式に適用し，どんなゼータ関数が出てくるか調べてみよう．先ほどと同様に

$$g(u) = e^{-u(s-\frac{1}{2})} \qquad (s \text{ は定数}, \ \mathrm{Re}(s) > 1)$$

と置いてみる．このとき跡公式(5.22)の p にわたる和（双曲型の項）がどうなるかをみてみよう．その項は，次のように計算できる（以下，最初の $\frac{1}{2}$ 倍を略す）．

$$\begin{aligned}
&\sum_p \sum_{j=1}^{\infty} \frac{\log N(p)}{N(p)^{\frac{j}{2}} - N(p)^{-\frac{j}{2}}} g(\log N(p)^j) \\
&= \sum_p \sum_{j=1}^{\infty} \frac{\log N(p)}{N(p)^{\frac{j}{2}} - N(p)^{-\frac{j}{2}}} N(p)^{-(s-\frac{1}{2})j}
\end{aligned}$$

$$= \sum_p \sum_{j=1}^{\infty} \frac{\log N(p)}{1 - N(p)^{-j}} N(p)^{-sj}$$

$$= \sum_p \sum_{j=1}^{\infty} \frac{\log N(p)}{N(p)^{sj}} \sum_{n=0}^{\infty} N(p)^{-nj}$$

$$= \sum_p \sum_{j=1}^{\infty} \sum_{n=0}^{\infty} (\log N(p)) N(p)^{(-s-n)j}$$

先ほどと同様に s で積分すると,

$$-\sum_p \sum_{j=1}^{\infty} \sum_{n=0}^{\infty} \frac{N(p)^{(-s-n)j}}{j} = \sum_p \sum_{n=0}^{\infty} \log(1 - N(p)^{-s-n})$$

$$= \log \prod_p \prod_{n=0}^{\infty} (1 - N(p)^{-s-n}).$$

よって, 明示公式と $\zeta(s)$ の関係の類似を構成するには, 新しいゼータ関数を

$$Z_\Gamma(s) = \prod_p \prod_{n=0}^{\infty} (1 - N(p)^{-s-n}) \tag{6.3}$$

と定義すればよい. そうすると跡公式の項は

$$\frac{Z_\Gamma'}{Z_\Gamma}(s)$$

の形をしていたことになり, 明示公式に類似の関係が成り立つ. (6.3) は, 上半平面に対するセルバーグ・ゼータ関数の定義である. セルバーグ・ゼータ関数はこのようにオイラー積で定義され, リーマン・ゼータ関数のようなディリクレ級数表示はあまり用いられない.

見てわかるように, (6.3) は, リーマン・ゼータ関数と次の 2 点で定義の形が異なる. 第一は, 新たに n にわたる無限積があること. 第二は, オイラー因子に -1 乗がつかないことである. このうち第二点は, あまり本質的でなさそうである. その理由は, 最初に跡公式の両辺を -1 倍した状態から出発すれば, 結果としてオイラー因子の -1 乗が得られるからである. 跡公式は, 見た目の異なる二式が実は等しいことを主張する恒等式だから, 両辺を -1 倍した同値な式も, 示している事実は変わらず, 同じ価値を持つ.

セルバーグ・ゼータ関数 (6.3) の形は, 上で述べた手順による一つの計算結果であ

る．したがって，ここに述べた 2 つの相違点は，対象となる空間が変われば当然変わる．定義(6.3) はあくまでも上半平面の場合に限った計算結果であることを注意しておこう．実際，第 4 章の［例 1］（104 ページ）で述べた 3 次元双曲空間 H^3 においては，第 1 の相違点が「自然数の組 (n,m) にわたる無限積」と修正される．

上の計算の方針は，ゼータ関数の形を跡公式に関連するように求めたものだから，$Z_\Gamma(s)$ の解析的性質は，すべて跡公式から導かれる．収束性，解析接続，関数等式，行列式表示，極や零点の位置などが証明できる．敢えて(6.3) のような形にセルバーグ・ゼータ関数を定義した意味が，そこにある．

一方，単にリーマン・ゼータ関数の形から類似を作るという，素朴な考えもある．その場合は，素数の代わりに素な共役類を考えて，

$$\zeta_\Gamma(s)=\prod_p(1-N(p)^{-s})^{-1} \tag{6.4}$$

とすればよい．これをルエル型のセルバーグ・ゼータ関数，あるいはルエル・ゼータ関数と呼ぶ．

定義式(6.3) との間に

$$\frac{Z_\Gamma(s+1)}{Z_\Gamma(s)}=\zeta_\Gamma(s)$$

という関係が成り立つことはすぐにわかる．よって，$\zeta_\Gamma(s)$ の解析的性質も，$Z_\Gamma(s)$ の性質からわかることになる．

特に，$\zeta_\Gamma(s)$ が $\mathrm{Re}(s)=1$ 上に零点を持たないという事実を証明できるのだが，これはリーマン・ゼータ関数に関して知られている事実「$\zeta(s)$ は $\mathrm{Re}(s)=1$ 上に零点を持たない」の類似となる．$\zeta(s)$ の場合，これを用いて素数定理が得られた．同じ証明方針で，リーマン・ゼータ関数の代わりにセルバーグ・ゼータ関数を用いることにより，素な双曲共役類に関する分布定理が証明される．定理の正確な形は次のようになる（記号 “∼” については脚注[*1]を参照）．

[*1] $f(x)\sim g(x)$ は，$\displaystyle\lim_{x\to\infty}\frac{f(x)}{g(x)}=1$ を意味する．

定理 6.1 $N(p) < x$ なる $p \in \mathrm{Prim}(\Gamma)$ の個数を $\pi_\Gamma(x)$ と置くと，

$$\pi_\Gamma(x) \sim \int_2^x \frac{dt}{\log t}$$

が成り立つ．

後ほど詳しく解説するように，双曲共役類は閉測地線という幾何学的対象とみなせるため，定理 6.1 は素測地線定理と呼ばれる．

6.2 リーマン予想が成り立つ仕組み

大雑把には,「セルバーグ・ゼータ関数はリーマン予想を満たす」と言える．本節では，セルバーグ・ゼータ関数に対してリーマン予想が成立する仕組みを簡単に解説する．この仕組みは，現状ではセルバーグ・ゼータ関数に対してのみ証明されているが，リーマン・ゼータ関数に対する本来のリーマン予想を解くためにも，将来役立つ可能性がある．リーマン予想の背後に横たわる数学的背景は現状では未解明であり，セルバーグ・ゼータ関数の例は，リーマン予想の解決に向けた研究の方向性を定める上で，価値があると考えられている．

セルバーグ・ゼータ関数は跡公式 (5.22) 中の双曲型の項を操作して得たものだから，セルバーグ・ゼータ関数のすべての解析的性質は跡公式から得られる．最もわかりやすい方法は，まったく同じ操作を跡公式の他の項にも平等に施すことである．そうすれば，跡公式は，セルバーグ・ゼータ関数を含んだ等式になる．

その操作は，以下の手順であった．

(1) 次のテスト関数を取る．

$$g(r) = e^{-r(s-\frac{1}{2})} \qquad (s \text{ は定数}, \mathrm{Re}(s) > 1)$$

(2) 跡公式の双曲型の項を，ある関数の対数微分として表す．

(3) その関数がセルバーグ・ゼータ関数である．

まず，(5.22) の右辺第一項（単位元の項）について，これと同様の操作を施してみよう．この項は $k(0)$ によって表されているから，上の (1) で定義されている関数 $g(r)$ から，まず $k(0)$ を求める必要がある．二つの関数 $g(r)$ と $k(t)$ は，(5.18)，

(5.19) でみたように次の関係で結ばれていた.

$$g(r) = 2\int_v^\infty \frac{k(t)}{\sqrt{t-v}}dt \qquad \left(v = \sinh^2\frac{r}{2}\right).$$

これはセルバーグ変換の一部をなしていたわけだが, これを逆に解いて, $g(r)$ から $k(t)$ を求める「セルバーグ逆変換の公式」は次のようになることが知られている.

$$k(t) = -\frac{1}{2\pi}\int_{2\sinh^{-1}\frac{\sqrt{t}}{2}}^\infty \frac{g'(r)}{\sqrt{e^r+e^{-r}-2-t}}dr.$$

これより $k(0)$ は次のようになる：

$$\begin{aligned} k(0) &= -\frac{1}{2\pi}\int_0^\infty \frac{g'(r)}{\sqrt{e^r+e^{-r}-2}}dr \\ &= -\frac{s-\dfrac{1}{2}}{2\pi}\int_0^\infty \frac{e^{-r(s-\frac{1}{2})}}{\sqrt{e^r+e^{-r}-2}}dr. \end{aligned}$$

この定積分は s の関数である. 公式集などを用いて具体的に積分を計算することも可能だが, ここではこれを s の関数とみて次の手順 (2) に行けばよい.

手順 (2) は, これを対数微分に持つような関数を求めることである. この計算は 1987 年にサルナックとヴォロスにより, 独立になされた. 結果は, 以下の関数で与えられる.

$$I_\Gamma(s) = \left(\frac{\Gamma_2(s)^2(2\pi)^s}{\Gamma(s)}\right)^{\frac{\mathrm{vol}(\Gamma\backslash H)}{2\pi}}. \tag{6.5}$$

記号 $\Gamma_2(s)$ は 2 重ガンマ関数であり, 以下で定義される.

$$\frac{1}{\Gamma_2(s+1)} = (2\pi)^{\frac{s}{2}}e^{-\frac{s}{2}-\frac{C+1}{2}s^2}\prod_{k=1}^\infty\left(1+\frac{s}{k}\right)^k e^{-s+\frac{s^2}{2k}}.$$

ただし, C はオイラーの定数[*2]である. 2 重ガンマ関数は通常のガンマ関数 $\Gamma(s)$ が持つ性質 $\Gamma(s+1) = s\Gamma(s)$ を受け継ぎ, $\Gamma_2(s+1) = \Gamma(s)\Gamma_2(s)$ という性質を持つ

[*2]　オイラーの定数は

$$C = \lim_{n\to\infty}\left(1+\frac{1}{2}+\cdots+\frac{1}{n}-\log n\right) = 0.577215664901532\cdots$$

で定義される.

ような関数である．変数 s から $\Gamma(s)$ を得たのと同様の関係を，$\Gamma(s)$ から出発して再度 2 重に構成した関数が $\Gamma_2(s)$ であると考えてもよいだろう．

跡公式の単位元の項から得た結果(6.5)が，ガンマ関数や 2 重ガンマ関数といったガンマ系統の関数で表示されているのは偶然ではない．リーマン・ゼータ関数の関数等式を振り返ってみれば，ゼータ関数 $\zeta(s)$ にはガンマ因子 $\pi^{-\frac{s}{2}}\Gamma\left(\frac{s}{2}\right)$ というものがあり，それを掛け合わせた $\widehat{\zeta}(s)=\pi^{-\frac{s}{2}}\Gamma\left(\frac{s}{2}\right)\zeta(s)$ が $\widehat{\zeta}(s)=\widehat{\zeta}(1-s)$ という美しい関数等式を持っていた．このガンマ因子は，ゼータ関数が元来は素数全体にわたる積であるとされていたところに追加してもうひとつの因子を掛けたものである．実はこれは素点という概念であることが知られている．素点とは，有理数体 $\mathbb{Q}$ に距離を導入して完備化する方法のことである．各素数 p に対しては p 進距離というものがあり，これによって $\mathbb{Q}$ を完備化したものを p 進体と呼び $\mathbb{Q}_p$ と書く．距離にはこれ以外に通常の絶対値があり，その場合の $\mathbb{Q}$ の完備化は実数体 $\mathbb{R}$ となる．$\mathbb{Q}$ を完備化する方法はこれですべてであり，その全貌は，素数全体の集合（これらを**有限素点**という）に，通常の絶対値に相当するもう一つのもの（これを**無限素点**という）を加えたものである．ゼータ関数 $\zeta(s)$ が素数全体の積であるというオイラーの発見は，現代の整数論では，素点全体の積としてガンマ因子も含めた完備ゼータ関数 $\widehat{\zeta}(s)$ をとらえるという，より発展した解釈に進化しているのである．

セルバーグ・ゼータ関数 $Z_\Gamma(s)$ に対して，単位元の項から計算した $I_\Gamma(s)$ は，セルバーグ・ゼータ関数のガンマ因子である．跡公式からセルバーグ・ゼータ関数を得た過程で，対数微分を経由しているから，跡公式における和は，ゼータ関数では積に相当する．したがって，跡公式(5.22)の左辺はゼータ関数とガンマ因子の積であり，跡公式は

$$I_\Gamma(s)Z_\Gamma(s)=(\text{(5.22)の右辺に操作（1）～（3）を施したもの})$$

の成立を意味する．この左辺が，ガンマ因子も含めた完備セルバーグ・ゼータ関数 $\widehat{Z}_\Gamma(s)$ である．セルバーグ・ゼータ関数においては，素数の代わりに素な双曲型共役類を考えていたが，双曲型以外のものも含めた一般の共役類[*3]が素点に相当するとみ

[*3] これを，ゼータ惑星に生息する細胞の構成要素とみなすこともできる．また，素点については拙著『リーマン教授にインタビューする』（青土社）において，対話形式でわかりやすく解説した．興味のある読者は参照されたい．

なせる．したがって，双曲型以外の共役類から操作（1）～（3）によって構成した関数が，ガンマ因子として $Z_\Gamma(s)$ に掛かることになる．今は，双曲型以外には単位元しかないことを仮定しているため，ガンマ因子は単位元からくる $I_\Gamma(s)$ のみであった．

右辺の計算に移る．右辺はラプラシアン Δ の固有値 λ における $g(r)$ のフーリエ変換の値 $\widehat{g}(\lambda)$ の和である．この場合のフーリエ変換は，次で与えられる：

$$\widehat{g}(\lambda) = \frac{2s-1}{\lambda - s(1-s)}. \tag{6.6}$$

これはちょうど，s の関数

$$\lambda - s(1-s) \tag{6.7}$$

の対数微分になっている．跡公式の右辺は実際には(6.6)の λ にわたる和であるから，得られる関数は(6.7)の λ にわたる積，すなわち，少なくとも形式的には

$$\prod_{\lambda:\ \Delta\ の固有値} (\lambda - s(1-s)) \tag{6.8}$$

というものになる．固有値にわたる積は行列式であるから，この式を記号

$$\det(\Delta - s(1-s)) \tag{6.9}$$

で表すのは自然だろう．そうすると，跡公式から得られるセルバーグ・ゼータ関数に関する等式として

$$\widehat{Z}_\Gamma(s) = I_\Gamma(s) Z_\Gamma(s) = \det(\Delta - s(1-s)) \tag{6.10}$$

という結論を得る．これが，セルバーグ・ゼータ関数の行列式表示である．

右辺に関し，以上の議論は，あまりにも大雑把であったので，ここで細かい注意を加えておこう．まず(6.6)についてである．この関数は，単体としては問題ないのだが，跡公式の右辺として λ に関する無限和を取ると，その和は発散してしまう．このことは，よく知られている固有値 λ の個数の漸近状況からもわかる．$0 < \lambda < x$ の範囲にある λ の個数は，x の増大に伴って x の 1 乗のオーダーで増大する．(6.6)の分母は λ の一次式だから，

$$\sum_{n=1}^{\infty} \frac{1}{n}$$

が発散するのと同じ理由により，その和は発散する．

そこで，上の(6.6)を少し修正した

$$\widehat{g}(\lambda) = \frac{2s-1}{\lambda - s(1-s)} - \frac{2s-1}{\lambda - \frac{1}{4} + b^2} \tag{6.11}$$

を用いる．右辺第二項をつけ加えたことにより，通分した結果は λ^{-2} のオーダーになる．

$$\sum_{n=1}^{\infty} \frac{1}{n^2}$$

が収束するのと同じ理由により，λ に関する和も収束する．

次に問題となるのは，(6.8)である．固有値 λ は正の無限列をなし，無限大に発散することが知られているので，当然，無限積(6.8)は発散する．これはいわば，ラプラシアンの行列式の定義の問題であり，発散無限積に相当するものをいかにして定義するかという手法の問題である．それにはゼータ正規化という方法が知られている．以下にそれを説明する．

正数からなる無限列 $\boldsymbol{a} = \{a_n\}_{n=1}^{\infty}$ があり，その無限積が

$$\prod_{n=1}^{\infty} a_n = \infty$$

であるとする．この積を単に無限大と考えるのではなく，何らかの意味のある値を見出すには，まず，この数列を用いて次のようなある種のゼータ関数を定義する．

$$\zeta_{\boldsymbol{a}}(s) = \sum_{n=1}^{\infty} \frac{1}{a_n^s}. \tag{6.12}$$

ゼータ正規化は，この $\zeta_{\boldsymbol{a}}(s)$ が収束域を持ち，$s=0$ に解析接続される場合に可能である．a_n のゼータ正規化積は，次で定義される：

$$\coprod_{n=1}^{\infty} a_n = \exp\left(-\zeta_{\boldsymbol{a}}'(0)\right). \tag{6.13}$$

$s=0$ は収束域に入っていないので，$\zeta_{\boldsymbol{a}}'(0)$ を計算するために定義式(6.12)を用いることはできない．だが仮に形式的にこれを用いたとすると，計算結果は無限積

$$\prod_{n=1}^{\infty} a_n$$

に等しくなる．$\zeta'_{\boldsymbol{a}}(0)$ は，正しくは $\zeta_{\boldsymbol{a}}(s)$ の解析接続を用いて得られる値だから，(6.13)の値は，この無限積の値を解析接続によって正しく得たものに相当する．これがゼータ正規化の考え方である．ラプラシアンの行列式 (6.9) は，正確にはこうして定義される．そして，そのように定義された行列式を用いて，セルバーグ・ゼータ関数は(6.10)のような表示を持つのである．

それでは，本題であるリーマン予想について述べる．今得た行列式表示(6.10)より，$\widehat{Z}_\Gamma(s) = 0$ の解は，$\det(\Delta - s(1-s)) = 0$ の解と同じである．そこで，ゼータ正規化積の零点を考えることになる．ゼータ正規化積は，零点を考える上では通常の積と同様に扱ってよい．その理由は，もともと無限個の因子の積を解析接続を用いて定義しているので，自分の好きな有限個の因子はそのまま掛けて，それ以外の残りの無限個の分だけを解析接続して定義しても同じものが得られる．そうすると，形式的な無限積(6.8)のうち，任意の有限個の因子はそのまま有効となる．これが任意の因子についていえるのだから，実質的には(6.8)によって，零点を求める際に用いる因数分解形が得られているといってよい．零点を考える上では，ゼータ正規化のことを気にする必要はないのである．

そうすると，$\det(\Delta - s(1-s)) = 0$ を解くには各々の固有値 λ に対し

$$\lambda - s(1-s) = 0$$

を解けばよいことがわかる．これは s に関する2次方程式であり，解は

$$s = \frac{1}{2} \pm \sqrt{\lambda - \frac{1}{4}}\, i \qquad (i \text{ は虚数単位})$$

で与えられる．このことから，完備セルバーグ・ゼータ関数 $\widehat{Z}_\Gamma(s)$ の零点は，ラプラシアン Δ の各固有値 λ に対応して存在することがわかる．そして，零点の実部は，

$$\lambda \geqq \frac{1}{4} \tag{6.14}$$

なる固有値に対しては，$\mathrm{Re}(s) = \dfrac{1}{2}$ を満たすことも，上のことからわかる．上述したように，ラプラシアンの固有値は正の無限大に発散する列をなすから，有限個を除くほとんどすべての固有値が (6.14) を満たす．これより，次の定理を得る．

定理 6.2 Γ がコンパクトリーマン面の基本群であるとき，完備セルバーグ・ゼータ関数 $\widehat{Z}_\Gamma(s)$ の零点は，有限個の例外を除き，

$$\mathrm{Re}(s) = \frac{1}{2}$$

を満たす．

この事実を称して「セルバーグ・ゼータ関数に関してリーマン予想がほぼ成立している」という．なお，上の解の形からわかるように，有限個の例外となる零点は必ず実数となり，しかも 0 と 1 の間にある．固有値が 1/4 よりも小さければリーマン予想を満たさない零点となるが，1/4 以上であれば，対応する零点は必ずリーマン予想を満たすことになる．一般に，定数関数は常にラプラシアンの固有関数であり，固有値 $\lambda_0 = 0$ を持ち，これより $\widehat{Z}(s)$ は $s = 0, 1$ に零点を持つ．その他の固有値はすべて正であり，そこから得られる零点がすべて $\mathrm{Re}(s) = 1/2$ を満たすことが，セルバーグ・ゼータ関数のリーマン予想である．リーマン予想を満たさないような零点を例外零点と呼ぶ．

ここまで述べてきた「リーマン予想が成り立つ仕組み」は，基本領域が滑らかでない場合や非コンパクトな場合にも，おおむね成立している．非コンパクトな場合はラプラシアンの連続スペクトルが存在するため，その寄与を加味した行列式表示を考える必要があるが，離散スペクトル（固有値）の部分については上のコンパクトな場合と同じことが成り立っており，やはり，固有値が 1/4 以上であることが，セルバーグ・ゼータ関数のリーマン予想の成立と同値になる．

実際，モジュラー群

$$SL(2,\mathbb{Z}) = \left\{ \begin{pmatrix} a & b \\ c & d \end{pmatrix} \;\middle|\; ad - bc = 1,\ a, b, c, d \in \mathbb{Z} \right\}$$

など，具体的ないくつかの例について，例外零点が存在しないことが証明されている．モジュラー群の跡公式とセルバーグ・ゼータ関数は，次章で詳しく扱う．

自然数 N に対し，$SL(2,\mathbb{Z})$ の部分群

$$\Gamma(N) = \left\{ \begin{pmatrix} a & b \\ c & d \end{pmatrix} \in SL(2,\mathbb{Z}) \;\middle|\; \begin{matrix} a \equiv 1 \pmod{N}, & b \equiv 0 \pmod{N} \\ c \equiv 0 \pmod{N}, & d \equiv 1 \pmod{N} \end{matrix} \right\}$$

をレベル N の主合同部分群と呼び，ある N に対して $\Gamma(N) \subset \Gamma \subset SL(2,\mathbb{Z})$ となっているような群 Γ を，レベル N の合同部分群と呼ぶ．セルバーグは，任意の合同部分群 Γ に対し，0 以外の任意の固有値 λ が(6.14)を満たすであろう予想した．これをセルバーグの 1/4 予想という．これはセルバーグ・ゼータ関数についてのリーマン予想と同値であるが，その上，保型形式の理論における基本的な問題であるラマヌジャン予想の類似にもなっている．この類似性については，

黒川信重・小山信也『ラマヌジャン《ゼータ関数論文集》』（日本評論社）

で詳しく解説した．

6.3　力学系のゼータ関数

力学系 φ とは，集合 X 上への $\mathbb{R}$ の群作用

$$\begin{array}{rccc} \varphi: & \mathbb{R}\times X & \longrightarrow & X \\ & (t,x) & \longmapsto & \varphi_t(x) \end{array}$$

のことである．各点 $x \in X$ に対して

$$\mathbb{R}\cdot x = \{\varphi_t(x) \mid t \in \mathbb{R}\}$$

を x の軌道と呼ぶ．$\mathbb{R}\cdot x$ が周期軌道であるとは，x における固定群

$$\{t \in \mathbb{R} \mid \varphi_t(x) = x\}$$

が $l(x)\mathbb{Z}$ $(l(x) > 0)$ の形になっているときにいい，$l(x)$ をその軌道の長さ（あるいは周期），$N(x) = e^{l(x)}$ を軌道のノルムと呼ぶ．φ の周期軌道の全体からなる集合を $\mathrm{Per}(\varphi)$ と記す．

力学系 φ に対し，そのゼータ関数を，次式で定義する．

$$\zeta_\varphi(s) = \prod_{P\in \mathrm{Per}(\varphi)} (1 - N(P)^{-s})^{-1}.$$

本節では，セルバーグ・ゼータ関数（あるいはルエル・ゼータ関数）が力学系のゼータ関数にもなっている事実を概観する．それはすなわち，セルバーグ・ゼータ関数のオイラー積がわたっている素共役類を，ある力学系の周期軌道とみなすことである．

そのからくりを説明するため，はじめに，最も簡単な多様体である円周 $M = \mathbb{R}/\mathbb{Z}$

を例にとる．M は実数の小数部分の集合

$$M = \{x \in \mathbb{R} \mid 0 \leqq x < 1\}$$

に加法を $\mathrm{mod}\ \mathbb{Z}$ で入れた加法群ともみなせるが，この小数部分 x に複素数 $e^{2\pi ix}$ を対応させることにより，複素平面内の単位円の乗法群

$$S^1 = \{e^{2\pi ix} \in \mathbb{C} \mid 0 \leqq x < 1\}$$

とも同型である．さて，M 上の力学系 φ を，

$$\begin{array}{rccc} \varphi: & \mathbb{R} \times M & \longrightarrow & M \\ & (t, x) & \longmapsto & \varphi_t(x) = x + t \mod \mathbb{Z} \end{array}$$

とおく．t 秒後にちょうど t だけ進んでいる状態を想像すればよい．乗法群 S^1 上で表すと，

$$\begin{array}{rccc} \varphi: & \mathbb{R} \times S^1 & \longrightarrow & S^1 \\ & (t, z) & \longmapsto & \varphi_t(z) = ze^{2\pi it} \end{array}$$

となる．

力学系 φ の周期軌道を求める．x における固定群

$$\{t \in \mathbb{R} \mid \varphi_t(x) = x\}$$

は，$x \in M$ によらず常に $\mathbb{Z}$ に等しい．$t \in \mathbb{Z}$ のとき，点 $x \in M$ はちょうど t 周することにより元の位置に戻っている．よって $l(x) = 1$ であり，この周期軌道 $\mathbb{R} \cdot x$ は，x によらず円周 M のことである．したがって，この φ の周期軌道 P は一つしかなく，ノルムは $N(P) = e$ となる．力学系 φ のゼータ関数は

$$\zeta_\varphi(s) = (1 - e^{-s})^{-1}$$

となる．

次に，この M に対するセルバーグ跡公式から，セルバーグ・ゼータ関数を求める．セルバーグ跡公式はポアソン和公式（定理 3.9）となり，

$$\sum_{m \in \mathbb{Z}} f(m) = \sum_{n \in \mathbb{Z}} \widehat{f}(n) \tag{6.15}$$

である．前節で行ったように，テスト関数を $f(x) = e^{-s|x|}$ として跡公式を具体的に計算すると，ゼータ関数（の対数微分）が得られるはずである．実際に計算してみる

と，次のようになる．

$$\begin{aligned}
\widehat{f}(y) &= \int_{-\infty}^{\infty} f(x)e^{-2\pi ixy}dx \\
&= \int_{-\infty}^{0} e^{sx}e^{-2\pi ixy}dx + \int_{0}^{\infty} e^{-sx}e^{-2\pi ixy}dx \\
&= \int_{-\infty}^{0} e^{(s-2\pi iy)x}dx + \int_{0}^{\infty} e^{-(s+2\pi iy)x}dx \\
&= \left[\frac{e^{(s-2\pi iy)x}}{s-2\pi iy}\right]_{-\infty}^{0} + \left[\frac{e^{-(s+2\pi iy)x}}{-(s+2\pi iy)}\right]_{0}^{\infty} \\
&= \frac{1}{s-2\pi iy} + \frac{1}{s+2\pi iy} \\
&= \frac{2s}{s^2+4\pi^2y^2}.
\end{aligned}$$

これは，y の偶関数である．一方，$f(x)=e^{-s|x|}$ も x の偶関数であるから，(6.15) は

$$1+2\sum_{m=1}^{\infty} e^{-sm} = \frac{1}{s^2} + 2\sum_{n=1}^{\infty} \frac{2s}{s^2+4\pi^2n^2}$$

となる．前節で体験した導出法によれば，左辺の無限和を積分して exp を施したものが，セルバーグ・ゼータ関数になるはずである．計算してみると，

$$\begin{aligned}
\exp\left(\int \sum_{m=1}^{\infty} e^{-sm}ds\right) &= \exp\left(\sum_{m=1}^{\infty} \frac{e^{-sm}}{-m}\right) \\
&= \exp\left(\log(1-e^{-s})\right) \\
&= 1-e^{-s}.
\end{aligned}$$

よって，この場合のセルバーグ・ゼータ関数は

$$Z_{\Gamma}(s) = 1-e^{-s}$$

であり，上で求めた力学系のゼータ関数 $\zeta_{\varphi}(s)$ との間に

$$\zeta_{\varphi}(s) = Z_{\Gamma}(s)^{-1}$$

の関係がある．(6.3) の後で述べたように，対数微分を扱っている以上，-1 乗の違いはあまり重要でないとみなせるので，セルバーグ・ゼータ関数は本質的に力学系の

ゼータ関数であることがわかる．なお，ルエル・ゼータ関数はオイラー因子を $\zeta(s)$ に似せて作ったものだから，$\Gamma = \mathbb{Z}$ に対して

$$\zeta_\Gamma(s) = (1 - e^{-s})^{-1}$$

となり，力学系のゼータ関数とぴったり一致し，

$$\zeta_\Gamma(s) = \zeta_\varphi(s)$$

が成立する．

以上，簡単な例を用いて $\mathrm{Prim}(\Gamma)$ と $\mathrm{Per}(\varphi)$ を対応付けるアイディアの概要を説明した．この対応は，1 : 1 対応に見えるが，厳密には 2 : 1 となることを以下に注意しておく．$\Gamma = \mathbb{Z}$ は加法群だから，素な共役類の定義も加法的になり「他の整数の 2 倍以上という形で表されない，単位元 0 以外の整数」となる．よって

$$\mathrm{Prim}(\Gamma) = \mathrm{Prim}(\mathbb{Z}) = \{\pm 1\}$$

であり,「$\mathrm{Prim}(\Gamma)$ にわたるオイラー積」というセルバーグ・ゼータ関数の定義を当てはめると，$Z_\Gamma(s)$ は素な共役類 $+1$ と -1 に対する二つのオイラー因子からなる．これは，周期軌道を描く際に向きが二通りあることに相当する．力学系のゼータ関数では，周期軌道 $\mathbb{R} \cdot x$ は点集合（単なる図形）であり，回転の向きは考慮していない．仮に向きを考慮に入れた場合，逆向きの軌道も入れて各軌道を 2 回ずつ数えることになる．逆向きでも一周の長さは等しいのでオイラー因子は同じであり，ゼータ関数としては，各オイラー因子を 2 回ずつ算入したもの（すべてのオイラー因子に 2 乗がつく）を考えることになる．すなわち，$+1$ と -1 に対応するオイラー因子として，同じものが二度ずつ出てくることになる．上で述べた $Z_\Gamma(s)$ の構成では，f と $\widehat{f}$ がともに偶関数である事実を用いて和を $n, m \geqq 1$ に制限して考えた．この操作によって無駄が省かれ，見た目の上では $\mathrm{Prim}(\Gamma)$ と $\mathrm{Per}(\varphi)$ の間に 1 : 1 対応がついたわけだが，厳密にはこの対応は 2 : 1 となる．

次に，上半平面の場合にこの対応をみる．セルバーグ・ゼータ関数が本質的に力学系の関数であることをみるには，$\mathrm{Prim}(\Gamma)$ の元 p を $\mathrm{Per}(\varphi)$ の元とみなすような 1 : 1（あるいは上に述べた意味で 2 : 1）の対応を作り，ノルムが互いに等しくなればよい．

まず上半平面 H に作用する群 $\Gamma \subset SL(2,\mathbb{R})$ が与えられたとして，そこから力学系を構成する．これは**測地流**と呼ばれる力学系であり，測地線を用いて定義される．測地線は 1.2 節で説明したように，最短経路を表す曲線であり，ユークリッド空間における直線の概念を拡張したものである．上半平面における測地線は，実軸上に直径を持つ円弧や，虚軸に平行な直線である（定理 1.3）．

$p \in \Gamma$ の対角化が $q \in SL(2,\mathbb{R})$ を用いて

$$q^{-1}pq = \begin{pmatrix} \beta & 0 \\ 0 & \beta^{-1} \end{pmatrix} \qquad (\beta > 1)$$

となされたとする．このとき，虚数単位 $\sqrt{-1}$ に q を作用させた H 内の点を $z = q\cdot\sqrt{-1}$ と置き，上半平面 H 内の二点 z と $p\cdot z$ を結ぶ測地線を考える（ここで記号 $p\cdot z$ は，点 z に行列 p を作用させた複素平面 H 内の点を表す）．この測地線を基本領域 $M = \Gamma\backslash H$ に移してみると，二点 z と $p\cdot z$ は M 上では同じ点であるから，測地線は始点と終点が同じになる．すなわち，M 上の閉曲線が得られたことになる．これを**閉測地線**と呼ぶ．

以上で，各 $p \in \Gamma$ に M 上の閉測地線を対応づけることができた．この対応をまとめると，次のようになる．

$$p = q\begin{pmatrix} \beta & 0 \\ 0 & \beta^{-1} \end{pmatrix} q^{-1} \longleftrightarrow \begin{array}{c} q\cdot\sqrt{-1} \text{ と } pq\cdot\sqrt{-1} \text{ を結ぶ測地線を} \\ M \text{ 上に射影した閉測地線} \end{array} \tag{6.16}$$

次にこの対応の右辺の閉測地線が，ある力学系 φ の周期軌道に一致することを説明する．それは，軌道が $M = \Gamma\backslash H$ 上のすべての測地線の集合であるような 力学系である．各点 $z \in M$ を通る測地線は無数に存在する．それは，平面上の一点を通る直線が，直線の傾きの分だけ無数に存在するように，$z \in M$ を通る測地線も，z を通過する瞬間の向き（接線方向）の分だけ無数に存在する．つまり，点 z だけでなく，その点における向きを指定する単位ベクトル $\boldsymbol{v} \in S^1$ まで指定してはじめて，組 $(z,\boldsymbol{v})$ の時刻 t 後の様子，すなわち点の位置 w とその瞬間の速度の向き $\boldsymbol{v}'$ の組 $\varphi_t(z,\boldsymbol{v}) = (w,\boldsymbol{v}')$ が定まるのである．したがって， 力学系の定義に照らしてみると，この場合，力学系の舞台となる空間は $M = \Gamma\backslash H$ ではなく，向きの集合 S^1 と M の組である直積集合 $S^1 \times M$ となる．よって，この場合の 力学系は，

$$\begin{array}{rccc} \varphi: & \mathbb{R}\times(S^1\times M) & \longrightarrow & S^1\times M \\ & (t,(\boldsymbol{v},z)) & \longmapsto & \varphi_t(\boldsymbol{v},z) = (\boldsymbol{v}',w) \end{array}$$

という形で表され，ここに w は z を始点とする $\boldsymbol{v}$ 方向の測地線に沿って M 上を時刻 t だけ移動した点であり，$\boldsymbol{v}'$ はそのように点が動いたときの w における向きを表す単位ベクトルである．

これで 力学系 φ を構成できた．力学系からゼータ関数を定義するには，周期軌道の長さが必要になる．対応(6.16)によって周期軌道の長さを計算すると，この閉測地線の長さが，$\beta > 1$ より次のように求められる．

$$
\begin{aligned}
d(z,\ p \cdot z) &= d(q \cdot \sqrt{-1},\ pq \cdot \sqrt{-1}) \\
&= d(\sqrt{-1},\ q^{-1}pq \cdot \sqrt{-1}) \\
&= d(\sqrt{-1},\ \left(\begin{smallmatrix} \beta & 0 \\ 0 & \beta \end{smallmatrix}\right) \cdot \sqrt{-1}) \\
&= d(\sqrt{-1},\ \sqrt{-1}\beta^2) \\
&= \log \frac{\beta^2 + 1 + |\beta^2 - 1|}{\beta^2 + 1 - |\beta^2 - 1|} \\
&= \log \frac{2\beta^2}{2} \\
&= 2 \log \beta.
\end{aligned}
$$

したがって，$p \in \Gamma$ に対応する周期軌道のノルムは

$$
e^{l(p)} = \beta^2
$$

となり，p の双曲共役類としてのノルム $N(p)$（(5.20)）と一致する．

あとは，対応(6.16)が

$$
\mathrm{Prim}(\Gamma) \longleftrightarrow \mathrm{Per}(\varphi) \tag{6.17}
$$

の対応にもなっていることを確認すれば，セルバーグ・ゼータ関数 $Z_\Gamma(s)$ を力学系のゼータ関数 $\zeta_\varphi(s)$ とみなせることになる．以下，この対応(6.17)を説明する．

はじめに，対応(6.16)が共役類上で定義されることを解説しよう．$p \in \Gamma$ の共役類は，集合

$$
\{\gamma^{-1} p \gamma \mid \gamma \in \Gamma\}
$$

であり，この集合の代表元として p を取った場合と $\gamma^{-1}p\gamma$ を取った場合とで，対応(6.16)による閉測地線が同じであることをみればよい．行列 p の対角化を上述のように

$$q^{-1}pq = \begin{pmatrix} \beta & 0 \\ 0 & \beta^{-1} \end{pmatrix}$$

と置くと，行列 $\gamma^{-1}p\gamma$ の対角化は

$$(\gamma^{-1}q)^{-1}(\gamma^{-1}p\gamma)(\gamma^{-1}q) = \begin{pmatrix} \beta & 0 \\ 0 & \beta^{-1} \end{pmatrix}$$

となる．よって，行列 $\gamma^{-1}p\gamma$ にとっては，対角化の行列 q に相当するものは $\gamma^{-1}q$ であるから，対応(6.16)で作られる測地線は，

$$\gamma^{-1}q \cdot \sqrt{-1} \qquad と \qquad (\gamma^{-1}p\gamma)(\gamma^{-1}q \cdot \sqrt{-1}\,) = \gamma^{-1}pq \cdot \sqrt{-1}$$

の二点を結ぶ測地線となる．これら二点の両方に左から $\gamma \in \varGamma$ を掛ければ，

$$q \cdot \sqrt{-1} \qquad と \qquad pq \cdot \sqrt{-1}$$

の二点を結ぶ測地線となり，行列 p から作られる測地線と同じになる．基本領域 M への射影を考える上では，γ を掛けるというこの操作は同じ点に対応するので，結局，M 上の閉測地線としては，$p, \gamma^{-1}p\gamma$ が同じものに対応することがわかった．よって，共役類の代表元の取り方によらず，閉測地線は一意に定まる．

次に，測地線が，行列 p を対角化する行列 q の取り方によらないことを確認する．対角化の行列は，p の固有ベクトルを列ベクトルとして並べたものであるから，q の取り方としては，固有ベクトルの分だけ自由がある．$q = \begin{pmatrix} a & b \\ c & d \end{pmatrix}$ が

$$q^{-1}pq = \begin{pmatrix} \beta & 0 \\ 0 & \beta^{-1} \end{pmatrix}$$

を満たすとき，q の各列ベクトルを定数倍した $q' = \begin{pmatrix} ka & lb \\ kc & ld \end{pmatrix}$ もまた

$$(q')^{-1}pq' = \begin{pmatrix} \beta & 0 \\ 0 & \beta^{-1} \end{pmatrix}$$

を満たす．ただし，$q \in SL(2, \mathbb{R})$ であるから $\det q = 1$ であり，これより $l = k^{-1}$ が成立する．よって，q' は

$$q' = \begin{pmatrix} ka & k^{-1}b \\ kc & k^{-1}d \end{pmatrix} = \begin{pmatrix} a & b \\ c & d \end{pmatrix}\begin{pmatrix} k & 0 \\ 0 & k^{-1} \end{pmatrix} = q\begin{pmatrix} k & 0 \\ 0 & k^{-1} \end{pmatrix}$$

となる．最後に現れた行列 $\begin{pmatrix} k & 0 \\ 0 & k^{-1} \end{pmatrix}$ は，上半平面の任意の点に対して一次分数変換が k^2 倍というスカラー倍で作用する行列である．したがって，対応(6.16)による測地線の端点は，対角化行列として q を選んだときは

$$q \cdot \sqrt{-1} \qquad と \qquad pq \cdot \sqrt{-1}$$

の二点であったのが，代わりに行列 q' を選ぶと

$$q' \cdot \sqrt{-1} = q \cdot (k^2 \sqrt{-1}\,) \qquad と \qquad pq' \cdot \sqrt{-1} = pq \cdot (k^2 \sqrt{-1}\,)$$

の二点となる．これらが同じ閉測地線を表すことは，これら 4 つの端点に一斉に q^{-1} を掛け，(双曲空間における) 平行移動をしてみるとわかる．平行移動した後の測地線の端点は，q を選んだときは

$$\sqrt{-1} \qquad と \qquad q^{-1}pq \cdot \sqrt{-1} = \sqrt{-1}\beta^2$$

の二点であり，行列 q' を選ぶと

$$\sqrt{-1}k^2 \qquad と \qquad q^{-1}pq \cdot (k^2\sqrt{-1}) = \sqrt{-1}k^2\beta^2$$

の二点となる．これらはいずれも虚軸の一部であるから，双方を延長した測地線はともに虚軸となり，一致する．よって，これらを基本領域 M 上に射影すると，閉測地線としては同じものになる．これで，対角化行列 q の取り方によらず，得られる閉測地線は一定であることがわかった．なお，以上の証明から，対角化行列の取り方の差が，閉測地線の始点（= 終点）の取り方の差に対応していることもわかるだろう．

またこの計算により，Γ の共役類におけるべき乗が，閉測地線を何周も回ることに対応していることがわかる．というのは，たとえば $p \in \Gamma$ の 2 乗 p^2 を考えると，対角化行列 q は p の場合と同様であり，固有値は p の場合の 2 乗になる．したがって，上の変形によって得られる虚軸上の測地線の端点の比は β^4 となり，先ほどの場合の比 β^2 を二回繰り返したものとなる．これは，M 上に射影すると閉測地線を 2 周していることに相当する．したがって，共役類の 2 乗は閉測地線の 2 周に相当する．

最後に，対応(6.16) (6.17)が左辺から右辺への全射であること，すなわち，測地流の周期軌道が，必ず素共役類によってこの方法で得られることを示す．

M 上に任意の閉測地線を取る．$M=\Gamma\backslash H$ を上半平面 H 上に展開し，閉測地線もそれに応じて H 内の（閉でない）測地線とみなす．この測地線の一方の端点を $z\in H$，もう一方の端点を $w\in H$ と置くと，z と w は $M=\Gamma\backslash H$ 上では同じ点であったから，ある $\gamma\in\Gamma$ によって $w=\gamma z$ なる関係が成り立つ．この γ が素な共役類に属するならば，この γ が求めるものである．この γ が素でない場合，素な共役類の元 $p\in\Gamma$ のべき乗として $\gamma=p^N$ $(N\geqq 2)$ のように書ける．このとき p に対応する測地線は，先ほど構成した H 内の測地線の一部分であり，最初に与えられた M 内の閉測地線を一周だけしたものである．したがって，この p が求めるものである．

以上が，対応(6.17)に関する説明である．この対応は，先に述べたように，向きを考慮するか否かに関して左辺と右辺で違いがあるため，厳密には 2 : 1 対応である．しかし，ノルムの相当性は(5.20)で示されているため，これでセルバーグ・ゼータ関数は本質的に力学系のゼータ関数とみなせることがわかった．

第7章 モジュラー群

7.1 $SL(2,\mathbb{Z})$ の構造

5.3 節で跡公式を計算したとき，Γ が楕円型と放物型の元を持たないことを仮定し，単位元と双曲型の元だけからなるものとしていた．この仮定により，基本領域 $\Gamma\backslash H$ は滑らかなコンパクト・リーマン面となった．

本節では，モジュラー群

$$\Gamma = SL(2,\mathbb{Z}) = \left\{ \begin{pmatrix} a & b \\ c & d \end{pmatrix} \,\middle|\, ad - bc = 1,\ a,b,c,d \in \mathbb{Z} \right\}$$

の場合に跡公式を計算する．これは，5.3 節で設定していた仮定「単位元と双曲型の元のみからなる」を満たしていない．

実際，楕円型の素な共役類が 2 つ，放物型の素な共役類が 1 つ存在する．命題 5.12 でみたように，この場合の基本領域は錐点を持ち，かつ非コンパクトである．

これらの共役類の代表元を，次表に挙げる．

表 7.1　$SL(2,\mathbb{Z})$ の楕円型と放物型の素な共役類

共役類	位数	代表元の例	固定点
楕円型	2	$\begin{pmatrix} 0 & 1 \\ -1 & 0 \end{pmatrix}$	$\sqrt{-1}$
楕円型	3	$\begin{pmatrix} 0 & 1 \\ -1 & 1 \end{pmatrix}$	$\dfrac{1+\sqrt{3}i}{2}$
放物型	∞	$\begin{pmatrix} 1 & 1 \\ 0 & 1 \end{pmatrix}$	∞

表中の「位数」とは，群 Γ を上半平面に作用する一次分数変換群とみた（すなわち $\Gamma = PSL(2,\mathbb{Z}) = SL(2,\mathbb{Z})/\{\pm I\}$ とみた）ときの位数である．たとえば，単位行列の -1 倍である $-I$ は群 Γ の単位元 I とは異なるが，一次分数変換としては恒等写像なので単位元とみなせる．行列を単なる行列そのままでみるのではなく，$\pm I$

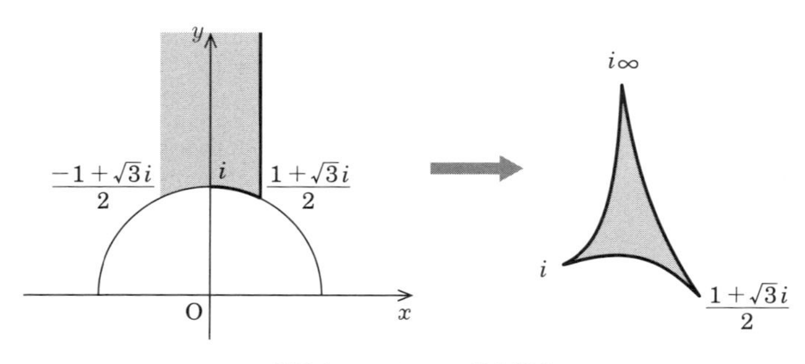

図 7.1　$SL(2,\mathbb{Z})$ の基本領域

を同一視して写像群 $PSL(2,\mathbb{Z})$ の中で考えることにする.

$SL(2,\mathbb{Z})$ の元の位数，あるいは共役類の位数を，そのように写像群 $PSL(2,\mathbb{Z})$ の中で定義したとき，楕円型の共役類は位数 2 のものと 3 のものが 1 つずつ存在する. 楕円型の共役類は上半平面内に固定点を持つことが定義に含まれるので，表中に実際の固定点の例も示した.

これらの共役類が新たに加わった状態で，セルバーグ跡公式やゼータ関数の様子を紹介することが，本節の目的である.

はじめに，基本領域を求める. 定理 7.1 がその答えを与える. それを図示したものが図 7.1 である.

定理 7.1　集合

$$D=\left\{z=x+iy\in H \mid -\frac{1}{2}<x\leqq\frac{1}{2},\quad |z|>1\right\} \cup\left\{z=x+iy\in H \mid |z|=1,\quad 0\leqq x\leqq\frac{1}{2}\right\} \tag{7.1}$$

は，$\Gamma=SL(2,\mathbb{Z})$ の基本領域 $M=\Gamma\backslash H$ である.

証明　はじめに，H の任意の点が D のいずれかの点に Γ の元で移ることを示す. まず，放物型の元 $\begin{pmatrix}1&1\\0&1\end{pmatrix}$ に注目する. この元は写像として

$$z\longmapsto z+1$$

すなわち，上半平面で右側に 1 だけ平行移動する写像である．これより，求める基本領域 M の横幅は高々1 であり，たとえば $-\dfrac{1}{2} < x \leqq \dfrac{1}{2}$ と定めればよい．上半平面のどの点も，必ずこの範囲内の点に Γ の元で移ることができる．

次に，位数 2 の楕円型の元 $\begin{pmatrix} 0 & 1 \\ -1 & 0 \end{pmatrix}$ に注目する．この元は写像として

$$z \longmapsto -\frac{1}{z}$$

すなわち，単位円周の内部と外部を入れ替える写像である．これより，求める基本領域は上で求めた $-\dfrac{1}{2} < x \leqq \dfrac{1}{2}$ のうち，単位円周の内部か外部かのいずれか一方を選べば十分である．

そこで，$-\dfrac{1}{2} < x \leqq \dfrac{1}{2}$ のうち，単位円周の外部を選び，さらにちょうど単位円周上の点については右側半分を選んだものが，領域 D である．

次に，逆の命題（D の点どうしが Γ の元で移り合わないこと）を示す．$z, z' \in H$ $(z \neq z')$ が $\gamma \in \Gamma$ によって $z' = \gamma z$ となっていたとする．$\mathrm{Im}(\gamma z) \geqq \mathrm{Im}(z)$ と仮定してよい（もしそうなっていなければ，γ の代わりに γ^{-1} をとる）．$\gamma = \begin{pmatrix} a & b \\ c & d \end{pmatrix}$ とおくと，

$$\mathrm{Im}(\gamma z) = \frac{\mathrm{Im}(z)}{|cz+d|^2} \geqq \mathrm{Im}(z)$$

であるから，$|cz+d| \leqq 1$ となるが，

$$1 \geqq |cz+d| \geqq |\mathrm{Im}(cz+d)| = |c|\mathrm{Im}(z) \geqq \frac{\sqrt{3}c}{2}$$

より，$|c| \leqq 1$ となる．以下，$c = 0, \pm 1$ の各場合を検証する．

$c = 0$ とすると，$ad - bc = ad = 1$ より，$a = d = \pm 1$ であるから，γ は単位元または放物型の元 $\begin{pmatrix} 1 & b \\ 0 & 1 \end{pmatrix}$ $(b \neq 0)$ となる．単位元とすると $z \neq z'$ に反する．また，放物型の元は x 方向の整数の移動なので，D の元どうしを写すことはない．

次に，$c = 1$ とする．$|z+d| \leqq 1$ となる．これを満たすのは $d = 0$ か，または，D の形より以下の組合せに限られる．

$$z = \frac{1+\sqrt{3}i}{2} \qquad \text{かつ} \qquad d = -1. \tag{7.2}$$

$d=0$ のとき，行列式の値から $b=-1$ であるから，$\gamma=\begin{pmatrix} a & -1 \\ 1 & 0 \end{pmatrix}$ となる．$\gamma z = a-\dfrac{1}{z}\in D$ より，再び D の形より以下の組合せに限られる．

$$z=\frac{1+\sqrt{3}i}{2} \qquad \text{かつ} \qquad a=1. \tag{7.3}$$

$$z=i \qquad \text{かつ} \qquad a=0. \tag{7.4}$$

(7.3) (7.4) いずれの場合も，$z=z'$ となり仮定に矛盾する．(7.2) の場合，$ad-bc=-a-b=1$ より，$\gamma=\begin{pmatrix} a & -1-a \\ 1 & -1 \end{pmatrix}$ となる．$\rho=\dfrac{1+\sqrt{3}i}{2}$ とおくと，$\gamma\rho=\dfrac{a\rho-1-a}{\rho-1}=a-\dfrac{1}{\rho-1}=a+\rho\in D$．これを満たすのは，$D$ の形より，$a=0$ のみ．このとき $z=z'$ となり仮定に矛盾する．

最後に，$c=-1$ の場合，$-\gamma$ も γ と同じ変換で $(-\gamma)z=z'$ を満たすから，$-\gamma$ を考えれば，$c=1$ の場合に帰着する．　Q.E.D.

この定理から，次の事実が直ちにわかる．

系　$\Gamma=SL(2,\mathbb{Z})$ は，$\begin{pmatrix} 1 & 1 \\ 0 & 1 \end{pmatrix}$ と $\begin{pmatrix} 0 & 1 \\ -1 & 0 \end{pmatrix}$ の 2 元で生成される．

また，基本領域の面積 $\mathrm{vol}(\Gamma\backslash H)$ も，次のように計算できる．

命題 7.2　$\Gamma=SL(2,\mathbb{Z})$ に対し，

$$\mathrm{vol}(\Gamma\backslash H)=\frac{\pi}{3}.$$

証明　定理 2.1 より

$$\begin{aligned}\mathrm{vol}(M) &= \int_M d\mu(z) = \int_{-\frac{1}{2}}^{\frac{1}{2}}\int_{\sqrt{1-x^2}}^{\infty}\frac{dydx}{y^2} = \int_{-\frac{1}{2}}^{\frac{1}{2}}\left[\frac{1}{-y}\right]_{\sqrt{1-x^2}}^{\infty}dx \\ &= \int_{-\frac{1}{2}}^{\frac{1}{2}}\frac{1}{\sqrt{1-x^2}}dx = 2\Big[\sin^{-1}x\Big]_0^{\frac{1}{2}} = 2\sin^{-1}\frac{1}{2} = \frac{\pi}{3}.\end{aligned}$$

Q.E.D.

7.2 非コンパクト跡公式の概要

$\varGamma = SL(2,\mathbb{Z})$ の元として新たに登場した楕円型と放物型の元の跡公式への寄与を考える.

まず楕円型の元について述べる. これは比較的やさしい. 理論の概要は双曲型の元の場合とまったく同様であり, 跡公式にその分の項を追加すればよい. 跡公式に対し, 位数が ν の素な楕円型共役類が与える影響は, 以下の項となる：

$$\frac{1}{2}\sum_{m=1}^{\nu-1}\frac{1}{\nu\sin\dfrac{\pi m}{\nu}}\int_{-\infty}^{\infty}\frac{\exp\left(-2\pi r\dfrac{m}{\nu}\right)}{1+\exp(-2\pi r)}\widehat{g}(r)dr.$$

$SL(2,\mathbb{Z})$ の場合, $\nu = 2, 3$ とした項が, 一つずつ跡公式に加わることになる.

以下, 放物型の元について述べる. 双曲型の元や楕円型の元の場合と同様に跡公式の項を計算しようとすると, 発散する積分が随所に出てきてしまう. それもそのはずであり, 放物型の元を含む場合, すなわち, 基本領域が非コンパクトである場合のトレースは, 無限大となるのである. 無限大が正しい値である以上, 本来の跡公式は「$\infty = \infty$」となる. 後ほど, この両辺の無限大から, 意味のありそうな有限の部分を取り出して修正版の跡公式を得る方法を紹介する.

放物型の元が引き起こす問題, すなわち非コンパクト性によって生ずる困難は, 跡公式の右辺として扱ってきた「固有値の和」にある. 第 5 章で示したように, $L^2(\varGamma\backslash H)$ は分解(5.7)

$$L^2(\varGamma\backslash H) = \overline{\mathcal{C}(\varGamma\backslash H)} \oplus \overline{\mathcal{E}(\varGamma\backslash H)}$$

を持ち, Δ の固有関数は $\mathcal{C}(\varGamma\backslash H)$ を張るが, $L^2(\varGamma\backslash H)$ 全体を張るわけでは無い. 固有関数で張りきれない空間 $\mathcal{E}(\varGamma\backslash H)$ がある. ここで, $\mathcal{E}(\varGamma\backslash H)$ は, 不完全アイゼンシュタイン級数 $E_{\mathfrak{a}}(z\,|\,\psi)$ の全体からなる空間であった. $SL(2,\mathbb{Z})$ の場合, カスプは $\mathfrak{a} = i\infty$ ただ一つであるから, 以後, $\mathfrak{a}$ を略す. 不完全アイゼンシュタイン級数は

$$E(z\,|\,\psi) = \sum_{\gamma\in\varGamma_\infty\backslash\varGamma}\psi(\mathrm{Im}(\gamma z)) \tag{7.5}$$

となり, ここに ψ はコンパクトな台を持つ任意の滑らかな関数である.

定理 5.11 では，$f \in \mathcal{C}(\Gamma\backslash H)$ が固有関数展開可能であることを示した．これに相当する展開が，一般の $f \in L^2(\Gamma\backslash H)$ に対してどのような形で与えられるのかが問題である．実は，$\mathcal{E}(\Gamma\backslash H)$ の部分は，アイゼンシュタイン級数が固有関数の役割を果たす．

アイゼンシュタイン級数は(5.6)で定義したが，これもカスプの記号 a を略記し，

$$E(z,s) = \sum_{\gamma\in\Gamma_\infty\backslash\Gamma} (\mathrm{Im}\gamma z)^s \tag{7.6}$$

と書く．

アイゼンシュタイン級数の性質は，良く知られている．以下にその主なものを定理としてまとめておく．証明は標準的な保型形式の参考書で扱われているので，本書では省略する．

定理 7.3　$\Gamma = SL(2,\mathbb{Z})$ のアイゼンシュタイン級数 $E(z,s)$ は，次の性質を満たす．

(1) 任意の $z \in H$ に対して $\mathrm{Re}(s) > 1$ で和(7.6)は絶対収束する．

(2) 任意の $z \in H$ に対して $E(z,s)$ は全 s 平面に有理型接続される．

(3) $E(z,s)$ は，z の関数として Γ 不変（すなわち $\Gamma\backslash H$ 上の関数）である．

(4) 任意の s に対して $E(z,s)$ はラプラシアンの任意の固有関数と内積(2.19)に関して直交する．

(5) 関数等式 $E(z,s) = \varphi(s)E(z,1-s)$ が成り立つ．ただし，$\varphi(s) = \dfrac{\widehat{\zeta}(2s-1)}{\widehat{\zeta}(2s)}$ であり，$\widehat{\zeta}(s)$ は完備リーマン・ゼータ関数 $\widehat{\zeta}(s) = \pi^{-\frac{s}{2}}\Gamma\left(\dfrac{s}{2}\right)\zeta(s)$ である．

(6) 半平面 $\mathrm{Re}(s) > \dfrac{1}{2}$ における $E(z,s)$ の（s の関数としての）極は $\varphi(s)$ の極であり，それらは一位である．留数（z の関数）は，ラプラシアンの固有関数である．

(7) $\mathrm{Re}(s) = \dfrac{1}{2}$ 上では，$E(z,s)$ は（s の関数として）正則である．

(8) $E(z,s)$ の L^2 ノルムは ∞ である．すなわち $E(*,s) \notin L^2(M)$（この事実を後ほどより詳しく，定理 7.9 に述べる）．

このアイゼンシュタイン級数を用いて，L^2 空間を張ることができる．すなわち，次の定理が成立する．

定理 7.4 ラプラシアン Δ を $L^2(\Gamma\backslash H)$ 上に作用させたときの正規化された固有関数列を $u_0, u_1, u_2, \cdots$ と置く．任意の関数 $f(z) \in L^2(\Gamma\backslash H)$ は，次のように展開される．

$$f(z) = \sum_{j=0}^{\infty} \langle f, u_j \rangle u_j(z) + \frac{1}{4\pi}\int_{-\infty}^{\infty} \left\langle f, E\left(*, \frac{1}{2}+ir\right)\right\rangle E\left(z, \frac{1}{2}+ir\right) dr. \tag{7.7}$$

この展開は L^2 ノルムに関して収束する．

(7.7) の右辺第 1 項は，定理 5.11 で与えた固有関数展開式と同じ形をしており，$M = \Gamma\backslash H$ がコンパクトな場合のように，離散スペクトルしかない状況においては，展開はこれで完結する．(7.7) で新たに登場したのは右辺第 2 項である．この積分は，よくみると第 1 項の和と同じ形をしていることが，次のようにしてわかる．まず j 番目の固有関数 u_j に相当するのが，パラメータ r に対するアイゼンシュタイン級数 $E\left(z, \frac{1}{2}+ir\right)$ である．第 1 項では j にわたる和を取ったが，第 2 項では r にわたる積分を取っている．係数が内積で表される点も同じである．第 1 項と第 2 項に見られる唯一の違いは，第 1 項が離散的な和であるのに対し，第 2 項は積分であることである．この対応により，第 2 項は第 1 項の連続版であるとみなせる．すなわち，固有関数 u_j だけで足りなかった分は，アイゼンシュタイン級数 $E\left(z, \frac{1}{2}+ir\right)$ $(r \in \mathbb{R})$ によって補われたと解釈できる．

一点注意しておくが，次節で詳しくみるように，アイゼンシュタイン級数 $E\left(z, \frac{1}{2}+ir\right)$ 自体は $L^2(M)$ の元ではない．展開 (7.7) においては基底のように振舞うのだけれど，それ自体が $L^2(M)$ に属していない点で，通常の基底とは異なる．実際，u_j たちで張られる空間に属さないような関数を具体的に表示する必要がある場合には，不完全アイゼンシュタイン級数を用いる．

では，$\Gamma = SL(2,\mathbb{Z})$ のセルバーグ跡公式に戻ろう．問題は，ラプラシアンの固有関数だけでは $L^2(M)$ を尽くせなかったことであった．しかしその尽くしきれない部分は，今の議論によってアイゼンシュタイン級数で尽くされることがわかった．そうすると，跡公式の右辺「固有値の和」を，アイゼンシュタイン級数に関する連続スペクトルも算入した形に書き直すことができる．この和は当然無限大になるわけだが，それを，先ほど発散して困っていた放物型の項の積分と比較する．両者とも無限大であるが，今度は詳しく中身がわかっているので，対応する無限大の部分を等しく取り除くことにより，意味のある跡公式を導くことができる．

具体的には，基本領域(7.1)が高さ ∞ であることに注目し，(7.1)を高さ Y で切断した有界領域ですべての計算を行う．Y を有限にしている間は，アイゼンシュタイン級数も含めたすべての項が発散の心配なく計算できる．そして最後に $Y \to \infty$ とすることで基本領域の全体が復元される．単純な意味では跡公式の両辺とも ∞ に発散するのだが，両辺に等しく存在する $\log Y$ の項を引くことにより，両辺とも有限の量を表す非自明でない等式を得る．これが，非コンパクトな M に対する跡公式と呼ばれているものである．

以上で述べた方針に則り，具体的な計算を実行する．トレースの計算をするため，はじめに積分核に関して，前節で述べた固有関数展開に相当する展開を行う．

定理 7.5　ラプラシアンの正規化された固有関数を u_j $(j = 0, 1, 2, \cdots)$ と置き，u_j に対応する固有値を $\lambda_j = \dfrac{1}{4} + t_j^2$ と置く．(5.8)で定義された二変数関数 $K(z,w)$ は，次の展開を持つ．

$$K(z,w) = \sum_{j=0}^{\infty} \widehat{g}(t_j) u_j(z) \overline{u_j(w)} + \frac{1}{4\pi} \int_{-\infty}^{\infty} \widehat{g}(r) E\left(z, \frac{1}{2} + ir\right) \overline{E\left(w, \frac{1}{2} + ir\right)} dr. \tag{7.8}$$

証明　はじめに $K(z,w)$ を z の関数とみて定理 7.4 を適用すると，

$$K(z,w)=\sum_{j=0}^{\infty}\langle K(*,w),u_j\rangle u_j(z)$$
$$+\frac{1}{4\pi}\int_{-\infty}^{\infty}\left\langle K(*,w),E\left(*,\frac{1}{2}+ir\right)\right\rangle E\left(z,\frac{1}{2}+ir\right)dr \quad (7.9)$$

となる．ここで，係数 $\langle K(*,w),u_j\rangle$ を求める．内積の定義により

$$\langle K(*,w),u_j\rangle=\int_{\Gamma\backslash H}K(z,w)\overline{u_j(z)}d\mu(z)$$

であるが，この積分は，積分作用素 L に他ならない．よって，

$$\langle K(*,w),u_j\rangle=(L\overline{u_j})(w).$$

命題 5.13 でみたように，積分作用素 L の固有値はラプラシアンの固有値の関数として表され，その関数は $\widehat{g}$ であったから，

$$\langle K(*,w),u_j\rangle=\widehat{g}(t_j)\overline{u_j}(w).$$

これを (7.9) に代入すると，右辺第 1 項（j にわたる無限和）は，定理の結論と一致する．

右辺第 2 項（r にわたる積分）は，同様の議論により証明できるので省略する．

Q.E.D.

この定理を $z=w$ の場合に書くと

$$K(z,z)=\sum_{j=0}^{\infty}\widehat{g}(t_j)|u_j(z)|^2+\frac{1}{4\pi}\int_{-\infty}^{\infty}\widehat{g}(r)\left|E\left(z,\frac{1}{2}+ir\right)\right|^2dr \quad (7.10)$$

となる．これを $z\in\Gamma\backslash H$ にわたって積分したものが跡（トレース）となる．

右辺第 1 項は，固有関数 u_j が正規であるから，$\Gamma\backslash H$ 上での積分は 1 となり，最終的に固有値の和

$$\sum_{j=0}^{\infty}\widehat{g}(t_j)$$

が出る．これは，定理 5.14 で得たものと同じである．

これに対し，右辺第 2 項は新しい項であり，$\Gamma\backslash H$ 上で積分すると無限大に発散する．この部分の処理はアイゼンシュタイン級数のフーリエ展開を用いて行うため，次節で詳しく扱う．ここでは大まかな方針だけ示しておく．

まず，積分が無限大に発散するのを回避するため，基本領域 $\Gamma\backslash H$ の有界な部分集合 $M(Y)$ でまず積分し，その結果を Y を含んだ式として求める．すると，その結果は

$$\log Y + (Y \to \infty \text{ において有界な式})$$

の形になる．これを

$$\log Y + A(Y) \tag{7.11}$$

と置こう．一方，先ほど無限大に発散して困るといっていた放物型の元 $\gamma \in \Gamma$ に関する跡公式の項

$$\int_{\Gamma_\gamma \backslash H} k(z, \gamma z) d\mu(z)$$

も，この積分範囲を $\mathrm{Im}(z) < Y$ に制限することにより，積分結果を Y の式で表すことができる．その計算結果はやはり

$$\log Y + (Y \to \infty \text{ において有界な式})$$

の形になり，これを

$$\log Y + B(Y) \tag{7.12}$$

と置く．(7.11)，(7.12) を比較し，

$$A(Y) = B(Y)$$

の形の式を得，両辺で $Y \to \infty$ としたものが $\Gamma = SL(2, \mathbb{Z})$ に対する跡公式となる．

7.3　アイゼンシュタイン級数のフーリエ展開

本節でも引き続き $\Gamma = SL(2, \mathbb{Z})$ とする．前節で定義したアイゼンシュタイン級数 $E(z, s)$ は，任意の $\gamma \in \Gamma$ に対して $E(\gamma z, s) = E(z, s)$ を満たす．したがって，特に $\begin{pmatrix} 1 & 1 \\ 0 & 1 \end{pmatrix} \in \Gamma$ であることから，$E(z+1, s) = E(z, s)$ であり，$E(z, s)$ は周期 1 の周期関数である．よって $E(z, s)$ はフーリエ展開を持ち，その形を

$$E(z, s) = \sum_{n=-\infty}^{\infty} a_n(y, s) e^{2\pi i n x} \tag{7.13}$$

と置ける．ここで，$E(z,s)$ は z の関数として正則ではないことに注意しよう．$E(z,s)$ は $x=\mathrm{Re}(z)$, $y=\mathrm{Im}(z)$ の二変数関数として実解析的であるに過ぎない．したがって，周期 1 の周期関数であるとの表記は，z の関数としてよりも x の関数としての記述であり，フーリエ展開の形は(7.13) のようになる．

本節ではこのフーリエ係数 $a_n(y,s)$ を求め，その応用として，前節の末尾で予告した方法で $\Gamma=SL(2,\mathbb{Z})$ の跡公式を求める．

はじめに，アイゼンシュタイン級数の定義式(7.6)

$$E(z,s)=\sum_{\gamma\in\Gamma_\infty\backslash\Gamma}(\mathrm{Im}\gamma z)^s \qquad (z\in H,\ \mathrm{Re}(s)>1) \tag{7.14}$$

の和の範囲 $\gamma\in\Gamma_\infty\backslash\Gamma$ を具体的に求めよう．

定理 7.6 $\Gamma=SL(2,\mathbb{Z})$ に対し，剰余系 $\Gamma_\infty\backslash\Gamma$ は次の代表元の集合として与えられる．

$$\left\{\begin{pmatrix} * & * \\ c & d\end{pmatrix}\ \middle|\ \begin{matrix} c>0,\ d\in\mathbb{Z},\ (c,d)=1 \\ \text{または}\ (c,d)=(0,1),(1,0)\end{matrix}\right\}.$$

ただし第 1 行の $*$ は，各 (c,d) に応じて行列式が 1 になるような整数を任意に 1 組選ぶものとする．

証明 まず，単位行列 I の -1 倍である $-I\in\Gamma_\infty$ を掛けることにより，$SL(2,\mathbb{Z})$ のすべての元について，左下成分 c を $c\geqq 0$ に統一して考える．

はじめに，(c,d) が異なれば、異なる剰余類に属することを示す．

$$\begin{pmatrix} 1 & n \\ 0 & 1\end{pmatrix}\begin{pmatrix} a & b \\ c & d\end{pmatrix}=\begin{pmatrix} a+nc & b+nd \\ c & d\end{pmatrix}$$

より，Γ_∞ の任意の元を左から掛けても行列の第 2 行は変わらない．したがって，(c,d) が異なれば，異なる剰余類に属する．

次に，(c,d) が等しければ，同じ剰余類に属することを示す．

$$\begin{pmatrix} a & b \\ c & d\end{pmatrix},\begin{pmatrix} a' & b' \\ c & d\end{pmatrix}\in SL(2,\mathbb{Z})$$

とする．

$$\det\begin{pmatrix} a-a' & b-b' \\ c & d\end{pmatrix}=\det\begin{pmatrix} a & b \\ c & d\end{pmatrix}-\det\begin{pmatrix} a' & b' \\ c & d\end{pmatrix}$$

$$= 1 - 1$$
$$= 0$$

であるから，ベクトル $(a-a', b-b')$ と (c, d) は一次従属であり，ある整数 n が存在して

$$\begin{cases} a - a' = nc \\ b - b' = nd \end{cases}$$

と表せる．すなわち $a = a' + nc,\ b = b' + nd$ であるから，

$$\begin{aligned} \begin{pmatrix} a & b \\ c & d \end{pmatrix} &= \begin{pmatrix} a' + nc & b' + nd \\ c & d \end{pmatrix} \\ &= \begin{pmatrix} 1 & n \\ 0 & 1 \end{pmatrix} \begin{pmatrix} a' & b' \\ c & d \end{pmatrix}. \end{aligned}$$

よって，(c, d) が等しければ同じ剰余類に属する．　Q.E.D.

この定理により，アイゼンシュタイン級数のより具体的な表示が以下のように求められる．まず $c = 0$ のときは，$d = 1$ であり，剰余類は単位行列で代表されるから，アイゼンシュタイン級数の項は $\gamma = I$ に対して

$$\mathrm{Im}(\gamma z)^s = y^s$$

となる．

次に $c > 0$ の場合，$\gamma = \begin{pmatrix} a & b \\ c & d \end{pmatrix}$ に対し

$$\begin{aligned} \mathrm{Im}(\gamma z)^s &= \mathrm{Im}\left(\begin{pmatrix} a & b \\ c & d \end{pmatrix} z \right)^s \\ &= \mathrm{Im}\left(\frac{az+b}{cz+d} \right)^s \\ &= \mathrm{Im}\left(\frac{(az+b)(c\overline{z}+d)}{|cz+d|^2} \right)^s \\ &= \left(\frac{(ad-bc)y}{|cz+d|^2} \right)^s \\ &= \left(\frac{y}{|cz+d|^2} \right)^s \end{aligned}$$

となる．以上を合わせると，アイゼンシュタイン級数は

$$E(z,s) = y^s + \sum_{c=1}^{\infty} \sum_{\substack{d\in\mathbb{Z} \\ (c,d)=1}} \left(\frac{y}{|cz+d|^2}\right)^s$$

$$= y^s \left(1 + \sum_{c=1}^{\infty} \sum_{\substack{d\in\mathbb{Z} \\ (c,d)=1}} \frac{1}{|cz+d|^{2s}}\right) \tag{7.15}$$

となる．

ではこれより，(7.15) のフーリエ係数 $a_n(y,s)$ を求めていく．

定理 7.7（アイゼンシュタイン級数のフーリエ展開） $SL(2,\mathbb{Z})$ のアイゼンシュタイン級数は，次式のようにフーリエ展開される．

$$E(z,s) = y^s \left(1 + \frac{\zeta(2s-1)}{\zeta(2s)} \sum_{n=-\infty}^{\infty} b_n(y,s) e^{2\pi i n x}\right).$$

ただし，

$$b_n(y,s) = \begin{cases} \sqrt{\pi}\dfrac{\Gamma\left(s-\frac{1}{2}\right)}{\Gamma(s)} y^{1-2s} & (n=0) \\ \dfrac{2\pi^s}{\Gamma(s)} |n|^{s-\frac{1}{2}} y^{-s+\frac{1}{2}} K_{s-\frac{1}{2}}(2\pi|n|y) & (n \neq 0). \end{cases}$$

であり，$K_{s-\frac{1}{2}}(2\pi|n|y)$ は K ベッセル関数である．

証明 (7.15) の d にわたる和を，c で割った余りで分けて計算する．すなわち，d を $cm+d$ と置き直し，m は整数全体を，d は $\bmod c$ の既約剰余類の代表（たとえば $1 \leqq d < c$ で $(c,d)=1$ なるもの）を動くとする．この置き換えにより，

$$E(z,s) = y^s \left(1 + \sum_{c=1}^{\infty} \sum_{\substack{d\in\mathbb{Z} \\ (c,d)=1}} \frac{1}{|cz+d|^{2s}}\right)$$

$$= y^s \left(1 + \sum_{c=1}^{\infty} \sum_{\substack{1\leqq d<c \\ (c,d)=1}} \sum_{m=-\infty}^{\infty} \frac{1}{|cz+cm+d|^{2s}}\right)$$

$$= y^s \left(1 + \sum_{c=1}^{\infty} \frac{1}{c^{2s}} \sum_{\substack{1 \leqq d < c \\ (c,d)=1}} \sum_{m=-\infty}^{\infty} \frac{1}{\left| z + m + \dfrac{d}{c} \right|^{2s}} \right) \tag{7.16}$$

となる．最後の m にわたる和は $z \mapsto z+1$ で不変だから，周期 1 の周期関数でありフーリエ展開を持つ．フーリエ係数を $b_n(y,s)$ と置くと，

$$\sum_{m=-\infty}^{\infty} \frac{1}{\left| z + m + \dfrac{d}{c} \right|^{2s}} = \sum_{n=-\infty}^{\infty} b_n(y,s) e^{2\pi i n x}$$

と表され，$b_n(y,s)$ は次のように計算できる：

$$\begin{aligned} b_n(y,s) &= \int_0^1 \sum_{m=-\infty}^{\infty} \frac{e^{-2\pi i n x}}{\left| z + m + \dfrac{d}{c} \right|^{2s}} dx \\ &= \int_{-\infty}^{\infty} \frac{e^{-2\pi i n x}}{|z|^{2s}} dx \\ &= \int_{-\infty}^{\infty} \frac{e^{-2\pi i n x}}{(x^2+y^2)^s} dx. \end{aligned}$$

最後の定積分はよく知られており，公式集にも載っている．結果は次のようになる．

$$b_n(y,s) = \begin{cases} \sqrt{\pi} \dfrac{\Gamma\left(s - \dfrac{1}{2}\right)}{\Gamma(s)} y^{1-2s} & (n=0) \\ \dfrac{2\pi^s}{\Gamma(s)} |n|^{s-\frac{1}{2}} y^{-s+\frac{1}{2}} K_{s-\frac{1}{2}}(2\pi|n|y) & (n \neq 0). \end{cases}$$

$K_{s-\frac{1}{2}}(2\pi|n|y)$ は K ベッセル関数と呼ばれる特殊関数であり，必要な性質はよく知られている．本書ではこの項の中身については深入りしないので，説明を省略する．

今求めた $b_n(s,y)$ を用いて (7.16) を書き直すと，

$$E(z,s) = y^s \left(1 + \sum_{c=1}^{\infty} \frac{1}{c^{2s}} \sum_{\substack{1 \leqq d < c \\ (c,d)=1}} \sum_{n=-\infty}^{\infty} b_n(y,s) e^{2\pi i n x} \right). \tag{7.17}$$

$b_n(s,y)$ が d によらずに一定値を取っているため，d にわたる和は，単に $1 \leqq d < c$ かつ $(c,d)=1$ なる整数 d の個数を掛けることになる．これはオイラー関数 $\varphi(c)$ に

他ならない．よって，

$$E(z,s) = y^s \left(1 + \sum_{c=1}^{\infty} \frac{\varphi(c)}{c^{2s}} \sum_{n=-\infty}^{\infty} b_n(y,s) e^{2\pi i n x}\right). \tag{7.18}$$

さらに，$b_n(s,y)$ が c によらずに一定値を取っているため，c にわたる和

$$\sum_{c=1}^{\infty} \frac{\varphi(c)}{c^{2s}}$$

は n にわたる和と独立に計算できる．この和を計算するには，オイラー関数が乗法的であるという事実：

$$(n,m)=1 \quad ならば \quad \varphi(nm) = \varphi(n)\varphi(m)$$

を用いて和を素数全体にわたる積（オイラー積）に

$$\sum_{c=1}^{\infty} \frac{\varphi(c)}{c^{2s}} = \prod_p \sum_{k=1}^{\infty} \frac{\varphi(p^k)}{p^{2sk}}$$

と変形し，素数べきに対するオイラー関数の値

$$\varphi(p^k) = \begin{cases} p^k - p^{k-1} & (k \geqq 1) \\ 1 & (k=0) \end{cases}$$

を用いて

$$\begin{aligned} \sum_{c=1}^{\infty} \frac{\varphi(c)}{c^{2s}} &= \prod_p \left(1 + \sum_{k=1}^{\infty} \frac{p^k - p^{k-1}}{p^{2sk}}\right) \\ &= \prod_p \left(1 + \sum_{k=1}^{\infty} \left(p^{(1-2s)k} - p^{(1-2s)k-1}\right)\right) \\ &= \prod_p \left(1 + \frac{p^{1-2s}}{1-p^{1-2s}} - \frac{p^{-2s}}{1-p^{1-2s}}\right) \\ &= \prod_p \frac{1-p^{-2s}}{1-p^{1-2s}} \\ &= \frac{\zeta(2s-1)}{\zeta(2s)} \end{aligned}$$

とすればよい．これを(7.16)に代入して，証明を終わる． Q.E.D.

たとえば $n=0$ の項は $x=\mathrm{Re}(z)$ によらない部分であり「定数項」と呼ばれるが，

$$a_0(y,s) = y^s\left(1+\frac{\zeta(2s-1)}{\zeta(2s)}\sqrt{\pi}\frac{\Gamma\left(s-\frac{1}{2}\right)}{\Gamma(s)}y^{1-2s}\right)$$
$$= y^s + \sqrt{\pi}\frac{\Gamma\left(s-\frac{1}{2}\right)\zeta(2s-1)}{\Gamma(s)\zeta(2s)}y^{1-s}$$
$$= y^s + \frac{\widehat{\zeta}(2s-1)}{\widehat{\zeta}(2s)}y^{1-s} \tag{7.19}$$

と，完備型のリーマン・ゼータ関数で表せることがわかる．

また $n \neq 0$ に対しては

$$a_n(y,s) = \frac{2|n|^{s-\frac{1}{2}}\sqrt{y}K_{s-\frac{1}{2}}(2\pi|n|y)}{\widehat{\zeta}(2s)}\sigma_{1-2s}(|m|) \tag{7.20}$$

となる．ここで，σ_ν は約数の ν 乗和の記号

$$\sigma_\nu(m) = \sum_{d|m} d^\nu$$

である．$a_0(y,s)$ の式(7.19)中で y^{1-s} の係数として登場した

$$\frac{\widehat{\zeta}(2s-1)}{\widehat{\zeta}(2s)}$$

は重要な関数であり，群 Γ に対する散乱行列または散乱行列式と呼ばれる．ここで，「行列」や「行列式」という用語を用いる理由を以下に説明する．

$\Gamma = SL(2,\mathbb{Z})$ の場合，基本領域(7.1)の図 7.1 をみればわかるように，カスプは $i\infty$（∞ とも書く）の一点のみである．しかし，他の $\Gamma \subset SL(2,\mathbb{R})$ の場合，2 個以上のカスプが存在することもあり得る．その場合，各カスプ $\mathfrak{a}$ ごとにアイゼンシュタイン級数(5.6)が定義される．またそのフーリエ展開も，各カスプに関して行うことができる．カスプが N 個あるとすると，アイゼンシュタイン級数が N 個定義され，その各々についてフーリエ展開が N 通り存在する．したがって，フーリエ展開の定数項の係数は，$N \times N$ 行列をなす．この行列を $\Phi(s)$ と書き，散乱行列と呼ぶのである．そして，その行列式を

$$\det \Phi(s) = \varphi(s)$$

と書き，散乱行列式と呼ぶ．すなわち，散乱行列の (i,j) 成分は，i 番目のアイゼンシュタイン級数を j 番目のカスプに関してフーリエ展開したときの定数項に現れる係数として定義される．

$\varGamma = SL(2,\mathbb{Z})$ の場合はカスプの個数が $N=1$ であり，散乱行列は 1×1 行列で

$$\Phi(s) = \left(\frac{\widehat{\zeta}(2s-1)}{\widehat{\zeta}(2s)}\right),$$

散乱行列式は

$$\varphi(s) = \frac{\widehat{\zeta}(2s-1)}{\widehat{\zeta}(2s)} \tag{7.21}$$

となる．

7.4 $SL(2,\mathbb{Z})$ の跡公式

(7.10) に戻り，$\varGamma = SL(2,\mathbb{Z})$ の跡公式を計算する．(7.10) の右辺第 2 項が問題であった．この式を基本領域上で積分するのだが，無限遠点の寄与を明確にするため，基本領域 $\varGamma\backslash H$ を (7.1) のように取り，その部分集合を

$$M(Y) = \{z \in \varGamma\backslash H \mid \mathrm{Im}(z) < Y\}$$

と置く．$M(Y)$ は有界領域だからすべての積分は収束し，$Y\to\infty$ のときに元の基本領域に近づく．(7.8) の右辺第 2 項の $M(Y)$ 上での積分は

$$\int_{M(Y)} \left(\frac{1}{4\pi}\int_{-\infty}^{\infty} \widehat{g}(r)\left|E\left(z,\frac{1}{2}+ir\right)\right|^2 dr\right) d\mu(z)$$
$$= \frac{1}{4\pi}\int_{-\infty}^{\infty} \widehat{g}(r)\int_{M(Y)}\left|E\left(z,\frac{1}{2}+ir\right)\right|^2 d\mu(z)dr.$$

この z に関する積分は，先ほど得たアイゼンシュタイン級数のフーリエ展開を代入して計算できる．その結果は

$$\int_{M(Y)}\left|E\left(z,\frac{1}{2}+ir\right)\right|^2 d\mu(z)$$

$$= \frac{1}{2ir}\mathrm{tr}\left(\Phi\left(\frac{1}{2}-ir\right)Y^{2ir}-\Phi\left(\frac{1}{2}+ir\right)Y^{-2ir}\right)+2\log Y-\frac{\varphi'}{\varphi}\left(\frac{1}{2}+ir\right)$$

となり，さらにこれを r にわたって積分する際，問題となるのは $\mathrm{tr}(\Phi)$ の積分である．積分路を $\mathrm{Im}(r)=\varepsilon>0$ にずらしてコーシーの定理を用いることにより，$Y\to\infty$ における以下の評価を得る：

$$\frac{1}{4\pi}\int_{-\infty}^{\infty}\frac{\widehat{g}(r)}{2ir}\mathrm{tr}\left(\Phi\left(\frac{1}{2}-ir\right)Y^{2ir}-\Phi\left(\frac{1}{2}+ir\right)Y^{-2ir}\right)dr$$
$$=\frac{\mathrm{tr}\Phi\left(\frac{1}{2}\right)}{4}\widehat{g}(0)+O(Y^{-2\varepsilon}).$$

これより，(7.8) の右辺第 2 項の $M(Y)$ 上での積分の $Y\to\infty$ のときの挙動は

$$\int_{M(Y)}\left(\frac{1}{4\pi}\int_{-\infty}^{\infty}\widehat{g}(r)\left|E(z,\frac{1}{2}+ir)\right|^2dr\right)d\mu(z)$$
$$=g(0)\log Y+\frac{\mathrm{tr}\Phi\left(\frac{1}{2}\right)}{4}\widehat{g}(0)-\frac{1}{4\pi}\int_{-\infty}^{\infty}\widehat{g}(r)\frac{\varphi'}{\varphi}\left(\frac{1}{2}+ir\right)dr+O(Y^{-2\varepsilon}) \tag{7.22}$$

となる．これが，跡公式の「固有値の和」と呼んでいた項に，連続スペクトルの寄与として新たに加わった項である．

ではいよいよ，跡公式の「素な共役類にわたる和」のうち，放物型の共役類の寄与を求めよう．これを求めれば，跡公式のすべての項が求められることになる．

$\Gamma=SL(2,\mathbb{Z})$ の放物型の素な共役類は，代表元

$$\gamma=\begin{pmatrix}1&1\\0&1\end{pmatrix}$$

を含む一つの類しかない．任意の放物型の共役類は，γ^l (l は整数) の形をしている．γ^l の正規化群 Γ_{γ^l} は，

$$\Gamma_{\gamma^l}=\left\{\pm\begin{pmatrix}1&n\\0&1\end{pmatrix}\;\middle|\;n\in\mathbb{Z}\right\}$$

であり，これは l によらない．よって $\Gamma_{\gamma^l}=\Gamma_\gamma$ である．この群の H への作用は，横方向に整数分だけずらす操作となる．よって，Γ_{γ^l} の基本領域は，幅 1 の任意の領

域となる．たとえば

$$\{z \in H \mid 0 \leqq \mathrm{Re}(z) < 1\}$$

がある．今計算したい跡公式の項は，

$$\sum_{\substack{l \in \mathbb{Z} \\ l \neq 0}} \int_{\Gamma_\gamma \backslash H} k\left(z, \gamma^l z\right) d\mu(z)$$

だが，このままでは積分が発散するため，虚部を Y 未満に制限した

$$\Gamma_\gamma \backslash H(Y) = \{z \in H \mid 0 \leqq \mathrm{Re}(z) < 1, \quad 0 < \mathrm{Im}(z) < Y\}$$

を考え，まずその上での積分を求める．計算は次のようになる：

$$\begin{aligned}
\int_{\Gamma_\gamma \backslash H(Y)} k\left(z, \gamma^l z\right) d\mu(z) &= \int_0^1 \int_0^Y k(z, z+l) d\mu(z) \\
&= \int_0^1 \int_0^Y h\left(\frac{l^2}{4y^2}\right) \frac{dy}{y^2} dx \\
&= \int_0^Y h\left(\frac{l^2}{4y^2}\right) \frac{dy}{y^2}.
\end{aligned}$$

ここで $u = \dfrac{l^2}{4y^2}$ の変数変換を施して，

$$\int_{\Gamma_\gamma \backslash H(Y)} k\left(z, \gamma^l z\right) d\mu(z) = \frac{1}{|l|} \int_{\frac{l^2}{4Y^2}}^\infty \frac{h(u)}{\sqrt{u}} du.$$

この積分の $l \in \mathbb{Z}$ に関する和を計算するのだが，まず $|l| < 2Y\sqrt{u}$ の範囲で和を取り，後に $Y \to \infty$ とすることにより $l \in \mathbb{Z}$ にわたる和を計算する．その際，積分区間を $\displaystyle\int_{\frac{1}{4Y^2}}^\infty$ と近似し，代わりに $Y \to \infty$ において 0 に収束するような補正項をつける．そうすると，l に関する項は $\dfrac{1}{|l|}$ のみとなるから，その和は漸近的に，オイラーの定数 C を用いて

$$\sum_{1 \leqq l < 2Y\sqrt{u}} \frac{1}{l} = \log 2Y\sqrt{u} + C + O\left(u^{-\frac{1}{2}} Y^{-1}\right)$$

となる．よって，

$$
\begin{aligned}
&\sum_{|l|<2Y\sqrt{u}} \int_{\Gamma_\gamma\backslash H(Y)} k(z,\gamma^l z)d\mu(z) \\
&= 2\int_{\frac{1}{4Y^2}}^{\infty} \frac{h(u)}{\sqrt{u}} \left(\log 2Y\sqrt{u} + C + O\left(u^{-\frac{1}{2}}Y^{-1}\right)\right) du \\
&= 2(\log 2Y + C)\int_0^\infty \frac{h(u)}{\sqrt{u}} du + \int_0^\infty \frac{h(u)}{\sqrt{u}} \log u du + O\left(\frac{\log Y}{Y}\right) \\
&= (\log 2Y + C)g(0) + \int_0^\infty \frac{h(u)}{\sqrt{u}} \log u du + O\left(\frac{\log Y}{Y}\right)
\end{aligned}
$$

となる．最後の u に関する積分の計算は複雑だが，関数 h をいったん g で書き換え，変数変換を繰り返すことにより，以下の結果を得る．

$$
\int_0^\infty \frac{h(u)}{\sqrt{u}} \log u du = -g(0)(C + 2\log 2) + \frac{\widehat{g}(0)}{4} - \frac{1}{2\pi}\int_{-\infty}^{\infty} \widehat{g}(t)\frac{\Gamma'}{\Gamma}(1+it)dt.
$$

以上をまとめると，放物共役類の跡公式への寄与の積分を Y で切断したものは

$$
\begin{aligned}
&\sum_{|l|<2Y\sqrt{u}} \int_{\Gamma_\gamma\backslash H(Y)} k\left(z,\gamma^l z\right) d\mu(z) \\
&= g(0)(\log Y - \log 2) + \frac{\widehat{g}(0)}{4} - \frac{1}{2\pi}\int_{-\infty}^{\infty} \widehat{g}(r)\frac{\Gamma'}{\Gamma}(1+ir)dr + O\left(\frac{\log Y}{Y}\right)
\end{aligned}
$$

となる．これを(7.22)と比較し，両者から $g(0)\log Y$ を引いて $Y\to\infty$ とすると，連続スペクトルの「トレース」として新たに出現する項が

$$
\frac{\mathrm{tr}\Phi\left(\frac{1}{2}\right)}{4}\widehat{g}(0) - \frac{1}{4\pi}\int_{-\infty}^{\infty} \widehat{g}(r)\frac{\varphi'}{\varphi}\left(\frac{1}{2}+ir\right)dr.
$$

放物共役類の寄与としての項が

$$
-g(0)\log 2 + \frac{\widehat{g}(0)}{4} - \frac{1}{2\pi}\int_{-\infty}^{\infty} \widehat{g}(r)\frac{\Gamma'}{\Gamma}(1+ir)dr
$$

となる．これらを合わせて跡公式を書き下すと，次の定理を得る．

定理 7.8（$SL(2,\mathbb{Z})$ のセルバーグ跡公式）

$$
\sum_{n=0}^{\infty} \widehat{g}(r_n) + \frac{\mathrm{tr}\Phi\left(\frac{1}{2}\right)}{4}\widehat{g}(0) - \frac{1}{4\pi}\int_{-\infty}^{\infty} \frac{\varphi'}{\varphi}\left(\frac{1}{2}+ir\right)\widehat{g}(r)dr
$$

$$
\begin{aligned}
&= \frac{1}{12}\int_{-\infty}^{\infty} r\tanh(\pi r)\widehat{g}(r)dr \\
&\quad + \sum_{p\in \mathrm{Prim}(\Gamma)}\sum_{k=1}^{\infty}\frac{\log N(p)}{N(p)^{k/2}-N(p)^{-k/2}}g(k\log N(p)) \\
&\quad + \frac{\sqrt{3}}{12}\sum_{m=1}^{2}\int_{-\infty}^{\infty}\frac{\exp\left(-\dfrac{2\pi rm}{3}\right)}{1+\exp(-2\pi r)}\widehat{g}(r)dr \\
&\quad + \frac{1}{4}\int_{-\infty}^{\infty}\frac{\exp(-\pi r)}{1+\exp(-2\pi r)}\widehat{g}(r)dr \\
&\quad - g(0)\log 2 + \frac{1}{4}\widehat{g}(0) - \frac{1}{2\pi}\int_{-\infty}^{\infty}\widehat{g}(r)\frac{\Gamma'}{\Gamma}(1+ir)dr.
\end{aligned}
$$

この定理の左辺は，もともと「固有値の和」と呼んでいたものである．第一項は通常の意味の固有値（離散スペクトル）で，これまですでにみてきた双曲型共役類と単位元のみからなる Γ の場合の跡公式と同様の形をしているが，第二項と第三項は連続スペクトルからきている．そこには散乱行列の Φ や，散乱行列式の φ といった，アイゼンシュタイン級数の定数項から定義される関数が登場している．

一方，定理の右辺は「共役類にわたる和」である．右辺第一項が単位元，第二項が双曲型共役類の寄与であり，ここまでは定理 5.14 で得たものと同じである．第三項と第四項が楕円型共役類の寄与であり，第三項は位数 3，第四項は位数 2 のものである．第五項以降，最終行の三項は，いずれも放物型共役類の寄与である．

注意すべきことは，この場合のセルバーグ跡公式は，跡（トレース）そのものではないということである．素朴な意味での跡（トレース）は発散したが，両辺から同じだけの発散項を引いた残りどうしを比較して等式で結んだことにより，新たな結果が得られたのである．

さて，そもそもこの着想は，虚部を Y でいったん切って有界領域 $M(Y)$ 上で計算を実行したことにある．$Y\to\infty$ とすることでもとの場合を復元しながら発散する現象を分析するという方法だが，この考え方を用いると，これまで保留にしていたある事実をよりよく理解できるので，ここで紹介しておく．それは，アイゼンシュタイン級数が二乗可積分でないこと，すなわち $E(*,s)\notin L^2(\Gamma\backslash H)$ である．この事実はすでに定理 7.3 の末尾で述べたが，そこでは一切説明をつけなかった．その事実のより精密なバージョンを，ここに定理として述べる．

定理 7.9（マース–セルバーグの関係式）　アイゼンシュタイン級数 $E(z,s)$ に対し，

$$E_Y(z,s)=\begin{cases}E(z,s) & (z\in M(Y))\\ E(z,s)-y^s-\dfrac{\widehat{\zeta}(2s-1)}{\widehat{\zeta}(2s)}y^{1-s} & (z\in \Gamma\backslash H\setminus M(Y))\end{cases}$$

と置く（これは，カスプの近くでフーリエ展開の定数項を除くという修正を施したものである）．次の (1) (2) (3) が成立する．

(1) s_1, s_2 は $E(z,s)$ の極ではなく，$s_1\neq s_2$ かつ $s_1+s_2\neq 1$ とする．このとき，

$$\int_{\Gamma\backslash H}E_Y(z,s_1)E_Y(z,s_2)d\mu(z)$$
$$=\frac{Y^{s_1+s_2-1}-\varphi(s_1)\varphi(s_2)Y^{1-s_1-s_2}}{s_1+s_2-1}+\frac{\varphi(s_2)Y^{s_1-s_2}-\varphi(s_1)Y^{s_2-s_1}}{s_1-s_2}.$$

(2) $s=\sigma+it$ が $\varphi(s)$ の極ではなく，$\sigma>\dfrac{1}{2}$ かつ $v\neq 0$ とする．このとき，

$$\int_{\Gamma\backslash H}|E_Y(z,\sigma+it)|^2d\mu(z)$$
$$=\frac{Y^{2\sigma-1}-|\varphi(\sigma+it)|^2Y^{1-2\sigma}}{2\sigma-1}+\frac{\overline{\varphi(\sigma+it)}Y^{2it}-\varphi(\sigma+it)Y^{-2it}}{2it}.$$

(3) $s=\dfrac{1}{2}+it$ かつ $v\neq 0$ とする．このとき，

$$\int_{\Gamma\backslash H}\left|E_Y\left(z,\frac{1}{2}+it\right)\right|^2d\mu(z)$$
$$=2\log Y-\frac{\varphi'}{\varphi}\left(\frac{1}{2}+it\right)+\frac{\varphi\left(\frac{1}{2}-it\right)Y^{2it}-\varphi\left(\frac{1}{2}+it\right)Y^{-2it}}{2it}.$$

証明 （概略）（1）アイゼンシュタイン級数のフーリエ展開を代入して積を展開して計算すると，フーリエ展開の定数項のみが積分結果として出てくることがわかる．よって，$\Gamma\backslash H$ 上の積分の代わりに $M(Y)$ 上の積分を考えてよい．複素関数論におけるグリーンの公式を用いて，$M(Y)$ 上の積分は $M(Y)$ の境界 $\partial M(Y)$ 上の積分で表せる．その際，$\mathrm{Re}(z)=\pm\frac{1}{2}$ 上の二辺の積分は打ち消し合って 0 になる．残りは $|z|=1$ 上の積分と，$\mathrm{Im}(z)=Y$ 上の積分である．これらをフーリエ展開を用いて計算した結果が，(1) のようになる．

（2）は（1）の特別な場合であり，(1) において $s_1=\sigma+iv,\ s_2=\sigma-iv$ と置いたものだ．

（3）は（2）で $\sigma\to\frac{1}{2}$ としたときの挙動を調べたものだ．$\left|\varphi\left(\frac{1}{2}+it\right)\right|=1$ であることから，テイラー展開

$$Y^{2\sigma-1}=1+(2\sigma-1)\log Y+\frac{((2\sigma-1)\log Y)^2}{2!}+\cdots$$

$$Y^{1-2\sigma}=1+(1-2\sigma)\log Y+\frac{((1-2\sigma)\log Y)^2}{2!}+\cdots$$

を用いて

$$\frac{Y^{2\sigma-1}}{2\sigma-1}=\frac{1}{2\sigma-1}+\log Y+\cdots,$$

$$-\frac{Y^{1-2\sigma}}{2\sigma-1}=-\frac{1}{2\sigma-1}+\log Y+\cdots$$

を得る．さらに，$s=\sigma+it$ に対し，

$$\varphi(\sigma+it)=\varphi(s)+(\sigma-\frac{1}{2})\varphi'(s)+\cdots,$$

$$\varphi(\sigma+it)\varphi(\sigma-it)=1+(2\sigma-1)\frac{\varphi'}{\varphi}(s)+\cdots$$

であることを用いると，(3) を得る． Q.E.D.

なお，(2) の左辺で $Y\to\infty$ としたものは $E(z,s)$ の L^2 ノルムである．一方，(2) の右辺で $Y\to\infty$ とすると，$Y^{2\sigma-1}$ の項が ∞ に発散する．したがって，L^2 ノ

ルムが発散することがわかる．

さらに (3) より，$E\left(z, \frac{1}{2}+it\right)$ の L^2 ノルムがどれくらいの度合いで発散するのか，その程度を Y を用いて量的にとらえることができる．それは，

$$\int_{\Gamma\backslash H} |E_Y(z, \sigma+iv)|^2 d\mu(z) \sim 2\log Y \qquad (Y \to \infty)$$

である．すなわち，L^2 ノルムの発散の度合いは，基本領域の高さ Y に対して $2\log Y$ 程度であることがわかる．この事実を用いると素数定理の別証明を得ることもできる．詳しくは

黒川信重・小山信也『リーマン予想のこれまでとこれから』（日本評論社）

の第10章を参照されたい．

7.5 $SL(2,\mathbb{Z})$ のセルバーグ・ゼータ関数

定理 7.8 からからわかるように，群 Γ に楕円型，放物型という新たな共役類が存在する場合でも，跡公式にはその分の項がつけ加わるだけであり，従来から存在した単位元や双曲型の項には変化がない．したがって，セルバーグ・ゼータ関数についても，従来と同様の構成が可能である．6.2 節では，セルバーグ・ゼータ関数のガンマ因子を単位元の項から構成し，2 重ガンマ関数を用いて表示した．また，固有値の和の項に同様の操作を施し，ラプラシアンの行列式を導いた．これと同じ操作を，今回新たに得た項たちについても施すことができる．それによって，楕円型の元や放物型の元に由来するガンマ因子や，ラプラシアンの連続スペクトル部分の行列式が定義でき，それらの間の関係が求められる．そうした計算の結果を，定理としてまとめておく．

定理 7.10 （$SL(2,\mathbb{Z})$ のセルバーグ・ゼータ関数）　具体的に計算可能な定数 c, c' を用いて，$\Gamma = SL(2,\mathbb{Z})$ のセルバーグ・ゼータ関数 $Z_\Gamma(s)$ は，次のようにラプラシアン Δ の行列式として表せる．

$$\widehat{Z}_\Gamma(s) = e^{c+c's(1-s)} \det(\Delta, s).$$

ここで，$\widehat{Z}_\Gamma(s)$ はガンマ因子付きの完備型セルバーグ・ゼータ関数

$$\widehat{Z}_\Gamma(s) = I_\Gamma(s)E_\Gamma(s)P_\Gamma(s)Z_\Gamma(s)$$

であり，ガンマ因子は以下で与えられる：

$$I_\Gamma(s)=\left(\frac{\Gamma_2(s)^2(2\pi)^s}{\Gamma(s)}\right)^{\frac{1}{6}},$$

$$E_\Gamma(s)=\Gamma\left(\frac{s}{2}\right)^{-\frac{1}{2}}\Gamma\left(\frac{s+1}{2}\right)^{\frac{1}{2}}\Gamma\left(\frac{s}{3}\right)^{-\frac{2}{3}}\Gamma\left(\frac{s+2}{3}\right)^{\frac{2}{3}},$$

$$P_\Gamma(s)=2^{-s}\left(s-\frac{1}{2}\right)^{\frac{1}{2}}\Gamma\left(s+\frac{1}{2}\right)^{-1}.$$

また，ラプラシアンの行列式 $\det(\Delta,s)$ は，離散スペクトルからゼータ正規化積（定義(6.13)）として定義された行列式

$$\det{}_D(\Delta-s(1-s))=\exp\left(-\frac{\partial}{\partial w}\bigg|_{w=0}\zeta(w,s,\Delta)\right)$$

と連続スペクトルからなる行列式

$$\det{}_C(\Delta,s)=\left(\frac{1}{\pi}\right)^s\zeta(2s)\Gamma(s)$$

$$=\widehat{\zeta}(2s)$$

の積として，次で定義される.

$$\det(\Delta,s)=\det{}_D(\Delta-s(1-s))\det{}_C(\Delta,s).$$

この定理はセルバーグ・ゼータ関数の因数分解を与えていると解釈できるので，これを用いて零点がすべて記述できる．リーマン・ゼータ関数が負の偶数に持っていた自明な零点に相当するものは，ガンマ因子 $I_\Gamma(s)$, $E_\Gamma(s)$, $P_\Gamma(s)$ の極であり，それらはすべて負の有理数である．その他の零点が完備セルバーグ・ゼータ関数 $\widehat{Z}_\Gamma(s)$ の零点であり，非自明零点あるいは本質的零点と呼ばれるものとなる．それには離散スペクトルに由来するものと連続スペクトルに由来するものの二種類がある．離散スペクトルから得られる零点は，固有値 λ_n を用いて

$$s = \frac{1}{2} \pm \sqrt{\lambda_n - \frac{1}{4}} i$$

と表せる．$\Gamma = SL(2, \mathbb{Z})$ の場合，正の最小固有値が 1/4 より大きいことが証明されているので，この種の零点に関してはリーマン予想が成立していることになる．一方，連続スペクトルから得られる零点は，完備リーマン・ゼータ関数 $\widehat{\zeta}(2s)$ の零点となる．これは，リーマン・ゼータ関数 $\zeta(s)$ の本質的零点 $\rho = \sigma + it$ を用いて

$$s = \frac{\rho}{2} = \frac{\sigma}{2} + \frac{it}{2}$$

と表せる．リーマン・ゼータ関数の零点の実部に関する事実 $0 < \sigma < 1$ より，この種の零点は $0 < \mathrm{Re}(s) < \dfrac{1}{2}$ の範囲に存在する．仮にリーマン予想が正しければ $\sigma = \dfrac{1}{2}$ であるから，セルバーグ・ゼータ関数の連続スペクトルからに由来する零点は $\mathrm{Re}(s) = \dfrac{1}{4}$ 上に存在することになる．

セルバーグ・ゼータ関数は，美しい行列式表示を持ち，リーマン予想を満たすばかりでなくその理由や背景までを明確に把握できることが特徴である．そうした構造をリーマン・ゼータ関数に生かすことで，本来のリーマン予想解決への足掛かりにしたいという，研究の基本姿勢がある．研究の動機は「類似の構成」であり，セルバーグ・ゼータ関数とリーマン・ゼータ関数が直接関係することは，元来は期待していなかったことである．ところが，ここでセルバーグ・ゼータ関数の一つの因子としてリーマン・ゼータ関数が登場した．これは，驚くべきことだ．

実際，$\Gamma = SL(2, \mathbb{Z})$ のセルバーグ・ゼータ関数 $Z_\Gamma(s)$ は，整数論的応用を持つ．たとえば，$Z_\Gamma(s)$ を用いて素数定理に相当する事実を証明すると，「実二次体の基本単数の分布」という，他の方法では決して得られない，新しい分布定理も得ることができる．

索引

た

な

は

ま

や

ら

小山信也（こやま・しんや）
1962 年新潟県生まれ．1986 年東京大学理学部数学科卒業．1988 年東京工業大学大学院理工学研究科修士課程修了．理学博士．慶應義塾大学助教授などを経て，現在，東洋大学理工学部教授．専門は整数論，ゼータ関数論，数論的量子カオス．
おもな著訳書に，『素数とゼータ関数』（共立出版），『素数からゼータへ，そしてカオスへ』『ラマヌジャン《ゼータ関数論文集》』（共著）『リーマン予想のこれまでとこれから』（共著）『ゼータへの招待』（共著）『オイラー博士の素敵な数式』（訳）（以上，日本評論社），『ABC 予想入門』（共著）（PHP 研究所），『リーマン教授にインタビューする』（青土社）ほか多数．

日本評論社創業100年記念出版

セルバーグ・ゼータ関数（かんすう）

リーマン予想（よそう）への架（か）け橋（はし）

シリーズ ゼータの現在（げんざい）

発行日　2018年7月25日　第1版第1刷発行

著　者　小山信也
発行者　串崎 浩
発行所　株式会社 日本評論社
170-8474 東京都豊島区南大塚 3-12-4
電話　03-3987-8621［販売］　03-3987-8599［編集］
印　刷　三美印刷株式会社
製　本　株式会社難波製本
装　幀　妹尾浩也

ISBN978-4-535-60353-0